四川省工程建设地方标准

四川省建筑叠层橡胶隔震支座应用技术标准

Technical specification for application of laminate rubber seismic isolation bearing of building in Sichuan Province

DBJ51/T 083 – 2017

主编部门：四川省住房和城乡建设厅
批准部门：四川省住房和城乡建设厅
施行日期：2018年2月1日

西南交通大学出版社

2018 成 都

图书在版编目（CIP）数据

四川省建筑叠层橡胶隔震支座应用技术标准 /四川省建筑科学研究院，四川国方建筑机械有限公司主编. —成都：西南交通大学出版社，2018.5
（四川省工程建设地方标准）
ISBN 978-7-5643-6031-3

Ⅰ. ①四… Ⅱ. ①四… ②四… Ⅲ. ①建筑工程－减振装置－技术规范－四川 Ⅳ. ①TU352.12-65

中国版本图书馆 CIP 数据核字（2018）第 019759 号

四川省工程建设地方标准

四川省建筑叠层橡胶隔震支座应用技术标准

主编单位 四川省建筑科学研究院
四川国方建筑机械有限公司

责任编辑	杨　勇
封面设计	原谋书装
出版发行	西南交通大学出版社 （四川省成都市二环路北一段 111 号 西南交通大学创新大厦 21 楼）
发行部电话	028-87600564　028-87600533
邮政编码	610031
网　　址	http: //www.xnjdcbs.com
印　　刷	成都蜀通印务有限责任公司
成品尺寸	140 mm × 203 mm
印　　张	3.125
字　　数	78 千
版　　次	2018 年 5 月第 1 版
印　　次	2018 年 5 月第 1 次
书　　号	ISBN 978-7-5643-6031-3
定　　价	29.00 元

各地新华书店、建筑书店经销
图书如有印装质量问题　本社负责退换

关于发布工程建设地方标准《四川省建筑叠层橡胶隔震支座应用技术标准》的通知

川建标发〔2017〕798 号

各市州及扩权试点县住房城乡建设行政主管部门，各有关单位：

由四川省建筑科学研究院和四川国方建筑机械有限公司主编的《四川省建筑叠层橡胶隔震支座应用技术标准》已经我厅组织专家审查通过，现批准为四川省推荐性工程建设地方标准，编号为：DBJ51/T 083－2017，自 2018 年 2 月 1 日起在全省实施。

该标准由四川省住房和城乡建设厅负责管理，四川省建筑科学研究院负责技术内容解释。

四川省住房和城乡建设厅

2017 年 11 月 1 日

前　言

本标准根据四川省住房和城乡建设厅《关于下达工程建设地方标准〈四川省建筑叠层橡胶隔震支座应用技术标准〉编制计划的通知》(川建标发〔2015〕406号)的要求，由四川省建筑科学研究院、四川国方建筑机械有限公司会同相关的高等院校、设计、质量监督、施工等单位共同编制完成。

在本标准制定过程中，编制组依据国家和四川省有关工程抗震、隔震的法规文件，总结并吸取了国内隔震技术应用经验，充分考虑了我省社会经济水平，进行了广泛的调查和分析，并借鉴了现行相关标准和技术资料，编制出送审稿。

本标准共分8章及3附录，依次为总则、术语和符号、基本规定、叠层橡胶隔震支座的设计规定、叠层橡胶隔震支座的性能要求与检验规则、结构隔震设计、施工与质量验收、维护与管理。

本标准由四川省住房和城乡建设厅负责管理，由四川省建筑科学研究院负责具体技术内容解释。在实施过程中，请各单位注意总结经验、积累资料，并将意见和建议反馈给四川省建筑科学研究院（通信地址：成都市一环路北三段55号；邮政编码：610081；电话：028-83373433；邮箱：290582329@qq.com）

主编单位： 四川省建筑科学研究院

四川国方建筑机械有限公司

参编单位：四川省建筑设计研究院
成都基准方中建筑设计有限公司
中国中铁二院工程集团有限责任公司
四川省建设工程质量安全监督总站
成都天府新区建设工程质量安全监督站
成都军区建筑设计院
西南科技大学
西昌市建筑勘测设计院有限公司

参加单位：成都市新筑路桥机械股份有限公司
四川强实隔震科技有限公司
东和林（成都）环保技术有限公司

主要起草人：凌程建　佟建国　吴　体　葛庆子
向　学　唐元旭　赵仕兴　李　晔
杨惠东　曹　磊　王　科　白永学
陈德良　毛　敏　韩家军　杨　琼
郑建军　李　颗　雷劲松　潘　宁
薛秋凤　王宁苍

主要审查人：谢凌志　毕　琼　罗苓隆　李晓岑
尤亚平　苏晓韵　王正卿　潘　毅
伍　庶

目　次

Contents

1　总　则

1.0.1　为贯彻执行国家和四川省有关建筑工程、防震减灾的法律法规，实行以预防为主的防震减灾方针，规范叠层橡胶支座在建筑工程中的应用，制定本标准。

1.0.2　本标准适用于四川省范围内采用叠层橡胶隔震支座的新建和既有建筑隔震设计、施工、验收、维护及管理。

1.0.3　按本标准设计与施工的隔震建筑，当遭受低于本地区抗震设防烈度的多遇地震影响时，隔震装置应正常工作，主体结构应不受损坏且不影响使用功能；当遭受相当于本地区抗震设防烈度的设防地震影响时，隔震装置应正常工作，主体结构应无损坏或轻微损坏，不需修理仍可继续使用；当遭受高于本地区抗震设防烈度的罕遇地震影响时，隔震装置不应丧失功能，主体结构应不发生危及生命安全和丧失使用功能的破坏。

1.0.4　新建和既有建筑隔震设计、施工、验收、维护及管理除应执行本标准外，尚应符合国家现行有关标准和四川省现行标准的相关规定。

2 术语和符号

2.1 术 语

2.1.1 叠层橡胶隔震支座 laminated rubber seismic-isolation bearing

由多层橡胶和多层钢板或其他材料交替叠置结合而成的隔震装置。

2.1.2 天然橡胶支座（LNR）linear natural rubber bearing

用天然橡胶制成的叠层橡胶隔震支座。

2.1.3 铅芯橡胶支座（LRB）lead rubber bearing

内部含有竖向铅芯的叠层橡胶隔震支座。

2.1.4 高阻尼橡胶支座（HDR）high damping rubber bearing

用复合橡胶制成的具有较高阻尼性能的叠层橡胶隔震支座。

2.1.5 隔震结构 isolation structure

在结构物中设置隔震装置而形成的结构体系。包括上部结构、隔震层、下部结构和基础。

2.1.6 隔震层 isolation layer

设置在被隔震的上部结构与下部结构（或基础）之间的全部隔震装置的总称。包括全部隔震支座、阻尼装置、抗风装置、限位装置、防拉装置，以及其他附属装置。

2.1.7 上部结构 structural elements above the isolation layer

隔震结构中位于隔震层以上的部分。

2.1.8 下部结构 structural elements below the isolation layer

隔震结构中位于隔震层以下的部分，不包括基础。

2.1.9 第一形状系数 1st shape factor

支座中每层橡胶层的有效承压面积与其自由侧面面积之比。

2.1.10 第二形状系数 2nd shape factor

对于圆形支座，为内部橡胶层直径与内部橡胶总厚度之比。

对于矩形或方形支座，为内部橡胶层有效宽度与内部橡胶总厚度之比。

2.1.11 型式检验 type test

制造厂为了取得特定规格和型号的隔震支座的生产资格，委托具有相应资质的第三方检测机构进行的产品性能及相关性的检验。

2.1.12 出厂检验 delivery test

针对某一批次产品，制造厂为保证其达到设计性能要求而进行的检验。

2.1.13 第三方检验 3rd party test

除隔震支座制造厂和使用方以外，由具有相应隔震支座检测资质的检测机构进行的检验。

2.1.14 水平向减震系数 horizontal seismic reduction factor

计算隔震结构水平地震作用时引入的折减系数。对于多层建筑，为按弹性计算所得的隔震与非隔震各层层间剪力的最大比值。对高层建筑结构，尚应计算隔震与非隔震各层倾覆力矩的最大比值，并与层间剪力的最大比值相比较，取二者的较大值。

2.1.15 等效刚度 equivalent stiffness

隔震层（或隔震支座）所承受的荷载与相应位移的比值。其值一般可取荷载-位移曲线在相应位移点的割线刚度。

2.1.16 等效阻尼比 equivalent damping ratio

隔震结构往复运动时，与隔震层（或隔震支座）所耗散的能量相对应的等效阻尼与临界阻尼的比值。

2.2 符 号

2.2.1 支座设计

σ_0——设计压应力；

P_0——设计压力；

A——有效面积，支座内部橡胶的平面面积；

γ_0——设计剪应变；

γ_{max}——最大剪应变；

X_0——设计剪切位移；

T_r——内部橡胶总厚度；

S_1——支座的第一形状系数；

S_2——支座的第二形状系数；

K_v——竖向压缩刚度；

K_h——水平等效刚度；

h_{eq}——水平等效阻尼比；

σ_s——内部钢板拉应力。

2.2.2 隔震结构设计

α_{max1}——隔震后的水平地震影响系数最大值；

α_{max}——非隔震的水平地震影响系数最大值；

β——水平向减震系数；

ψ——调整系数；

E_x，E_y——X、Y方向的偏心率；

E——隔震层的名义偏心率；

ζ_{eq}——隔震层等效黏滞阻尼比；

K_H——隔震层水平等效刚度；

ζ_j——第 j 个隔震支座由试验确定的等效阻尼比；

K_j——第 j 个隔震支座（含消能器）由试验确定的水平等效刚度；

u_i——罕遇地震作用下，第 i 个隔震支座考虑扭转的水平位移；

η_i——第 i 个隔震支座的扭转影响系数；

V_{Rw}——抗风装置的水平承载力设计值；

V_{wk}——风荷载作用下隔震层的水平剪力标准值。

3 基本规定

3.0.1 叠层橡胶隔震支座的适用温度范围应为 -25 °C~60 °C。

3.0.2 叠层橡胶隔震支座的性能必须经检验合格，各类性能参数应经试验确定。支座应用前应进行型式检验、出厂检验、第三方检验和进场验收。

3.0.3 叠层橡胶隔震支座的设计使用年限，不应低于上部结构的设计使用年限。

3.0.4 高层建筑、特殊设防类和重点设防类的多层建筑和建设在Ⅳ类场地的建筑采用隔震方案时,其隔震方案应进行专项论证。对于重要的隔震建筑，宜通过地震模拟振动台验证研究，并宜设置地震反应观测系统。

3.0.5 采用叠层橡胶隔震支座的建筑在设计使用年限内未经技术鉴定或设计许可，不得改变隔震装置的布置、型号及其他隔震构造措施。

3.0.6 既有建筑采用隔震加固方案时，应根据已使用时间以及业主的需求合理确定其后续使用年限，且不应低于 30 年。

3.0.7 隔震建筑应按照本标准的相关要求加强维护与管理，使用中应保护隔震装置及其配套设施。

4 叠层橡胶隔震支座的设计规定

4.1 一般规定

4.1.1 支座的分类、材料性能要求、支座设计压应力、设计剪应变、支座形状系数、支座压缩性能和剪切性能、支座内部钢板和连接板设计应满足本章的相关要求。

4.1.2 支座典型尺寸应符合本标准附录 A 的要求，必要时也可选用其他尺寸。

4.2 支座分类

4.2.1 支座可按构造、材料、剪切性能进行分类。

4.2.2 支座按构造可分为Ⅰ、Ⅱ、Ⅲ三种类型，支座构造分类应符合表 4.2.2 的规定。

表 4.2.2 支座按构造分类

分类	说 明	图 示
Ⅰ型	连接板和封板用螺栓连接。封板与内部橡胶黏合，橡胶保护层在支座硫化前包裹	连接板 螺栓 封板 保护层

续表

分类	说明	图示
Ⅰ型	连接板和封板用螺栓连接。封板与内部橡胶黏合，橡胶保护层在支座硫化后包裹	
Ⅱ型	连接板直接与内部橡胶黏合	
Ⅲ型	支座与连接板用凹槽或暗销连接	凹槽 暗销

4.2.3 叠层橡胶隔震支座按材料可分为天然橡胶支座、铅芯橡胶支座、高阻尼橡胶支座三类。

4.2.4 叠层橡胶隔震支座按剪切性能允许偏差可分为 S-A 类和 S-B 类产品，并应符合表 4.2.4 的规定。

表 4.2.4 按剪切性能的允许偏差分类

类别	单个试件测试值	一批试件平均测试值
S-A	± 15%	± 10%
S-B	± 25%	± 20%

4.3 材料性能要求

4.3.1 橡胶材料物理性能不应低于表 4.3.1-1 和表 4.3.1-2 的规定，试验方法按现行国家标准《橡胶支座 第1部分：隔震橡胶支座试验方法》GB/T 20688.1 的相关要求执行。

表 4.3.1-1 天然橡胶支座和铅芯橡胶支座内部橡胶材料的物理性能要求

试验项目	测量项目	单位	剪切模量（N/ mm^2）						
			0.3	0.35	0.40	0.45	0.60	0.80	1.0
拉伸性能	拉伸强度	MPa	≥12	≥14	≥14	≥15	≥15	≥20	≥20
	扯断伸长率	%	≥650	≥600	≥600	≥600	≥500	≥500	≥500
硬度	硬度	IRHD	30 ± 5	35 ± 5	35 ± 5	40 ± 5	45 ± 5	50 ± 5	65 ± 5
黏合性能	橡胶与金属黏合强度	MPa	≥6	≥6	≥6	≥6	≥6	≥6	≥6
	破坏类型	—	橡胶破坏	橡胶破坏	橡胶破坏	橡胶破坏	橡胶破坏	橡胶破坏	橡胶破坏
脆性性能	脆性温度	°C	≤ - 40	≤ - 40	≤ - 40	≤ - 40	≤ - 40	≤ - 40	≤ - 40

表 4.3.1-2 高阻尼橡胶支座内部橡胶材料的物理性能要求

试验项目	测量项目	单位	剪切模量（N/ mm^2）		
			0.40	0.60	0.80
拉伸性能	拉伸强度	MPa	≥8	≥8	≥10
	扯断伸长率	%	≥650	≥650	≥650
硬度	硬度	IRHD	（60~70）± 5	（60~70）± 5	（60~70）± 5
脆性性能	脆性温度	°C	≤ - 40	≤ - 40	≤ - 40

注：剪切模量的相应剪切应变为 100%。

4.3.2 支座所用钢板应采用不低于 Q235B 性能的钢材，并应符合现行国家标准《碳素结构钢和低合金结构钢热轧薄钢板和钢带》GB 3274 厚钢板的规定。钢板的强度设计值不应低于表 4.3.2 的规定。

表 4.3.2 钢板强度设计值（MPa）

牌号	钢板厚度 t（mm）（括号内为 Q345B 钢板厚度）			
	$t \leqslant 16$	$16 < t \leqslant 40$ （$16 < t \leqslant 35$）	$40 < t \leqslant 60$ （$35 < t \leqslant 50$）	$60 < t \leqslant 100$ （$50 < t \leqslant 100$）
Q235B	215	205	200	190
Q345B	310	295	265	250

4.3.3 支座所用钢板、连接板、连接件等钢构件防腐要求均应符合现行行业标准《建筑钢结构防腐蚀技术规程》JGJ/T 251 的规定。

4.3.4 铅芯应采用纯度不小于 99.99%的铅锭加工而成。铅锭应符合现行国家标准《铅锭》GB/T 469 的规定。

4.4 支座设计压应力和设计剪应变

4.4.1 支座的设计压应力应按下列公式计算：

$$\sigma_0 = \frac{P_0}{A} \tag{4.4.1-1}$$

$$\sigma_{\max} = \frac{P_{\max}}{A} \tag{4.4.1-2}$$

$$\sigma_{\min} = \frac{P_{\min}}{A} \tag{4.4.1-3}$$

式中　σ_0——设计压应力（MPa）;

σ_{max}——最大设计压应力（MPa）;

σ_{min}——最小设计压应力（MPa）;

P_0——设计压力（N）;

P_{max}——最大设计压力（N）;

P_{min}——最小设计压力（N）;

A——有效面积，支座内部橡胶的平面面积（mm^2）。

4.4.2　支座的设计剪应变应按下列公式计算:

$$\gamma_0 = \frac{X_0}{T_r} \tag{4.4.2-1}$$

$$\gamma_{max} = \frac{X_{max}}{T_r} \tag{4.4.2-2}$$

式中　γ_0——设计剪应变;

γ_{max}——最大剪应变;

X_0——设计剪切位移（mm）;

X_{max}——最大设计剪切位移（mm）;

T_r——内部橡胶总厚度（mm）。

4.5　支座形状系数

4.5.1　支座的第一形状系数 S_1 应按下列公式计算:

1　无开孔支座应按下列公式计算:

圆形支座：$$S_1 = \frac{d_0}{4t_r} \tag{4.5.1-1}$$

方形支座：$S_1 = \dfrac{a_0}{4t_r}$　　（4.5.1-2）

式中　d_0——内部钢板的外部直径（mm）;

t_r——单层内部橡胶的厚度（mm）;

a_0——方形支座内部橡胶的边长（mm）。

2　开孔支座应按下列公式计算：

圆形支座：$S_1 = \dfrac{d_0 - d_i}{4t_r}$　　（4.5.1-3）

方形支座：$S_1 = \dfrac{4a_0^2 - \pi d_i^2}{4t_r(4a_0 + \pi d_i)}$　　（4.5.1-4）

式中　d_i——内部钢板的开孔直径（mm）。

若孔洞灌满橡胶或铅，则按无开孔支座考虑。

4.5.2　支座的第二形状系数 S_2 应按下列公式计算：

圆形支座：$S_2 = \dfrac{d_0}{T_r}$　　（4.5.2-1）

方形支座：$S_2 = \dfrac{a_0}{T_r}$　　（4.5.2-2）

4.6　支座压缩性能和剪切性能

4.6.1　支座竖向压缩刚度 K_v 可按下式计算：

$$K_v = \frac{E_c A}{T_r} \quad (4.6.1)$$

式中　E_c——修正压缩弹性模量（MPa），见《橡胶支座第 3 部分：建筑隔震橡胶支座》GB 20688.3。

4.6.2 支座竖向压缩位移 Y 和压缩应变 ε_c 按下式计算：

$$Y=\frac{P}{K_v} \quad (4.6.2\text{-}1)$$

$$\varepsilon_c=\frac{Y}{T_r} \quad (4.6.2\text{-}2)$$

式中 P——压力（N）。

4.6.3 支座水平等效刚度 K_h 可按下式计算，并应符合下列要求：

$$K_h=G\frac{A}{T_r} \quad (4.6.3\text{-}1)$$

式中 G——橡胶的剪切模量（MPa）。G 应在恒定压应力和不同剪应变下，由试验确定。试件应采用足尺或缩尺模型支座。

1 若考虑剪应变对橡胶剪切模量的影响，G 可按 GB 20688.3 计算。

2 若试验时的压应力 σ 与设计压应力 σ_0 相差较大，则橡胶剪切模量还应考虑压应力的影响：

$$G=G_1\left[1-\left(\frac{\sigma}{\sigma_{cr}}\right)^2\right] \quad (4.6.3\text{-}2)$$

式中 σ——支座压应力（MPa）；

G_1——在实际压应力 σ 下测得的剪切模量；

σ_{cr}——支座临界应力（MPa）。

对于铅芯橡胶支座，水平等效刚度 K_h 可按下式计算：

$$K_h = \frac{K_d X + Q_d}{X} \tag{4.6.3-3}$$

式中　K_d——铅芯橡胶支座的屈服后刚度（N /mm）;

Q_d——屈服力（N）;

X——剪切位移（mm）。

4. 6. 4　支座水平剪应变 γ 可按下式计算：

$$\gamma = \frac{X}{T_r} \tag{4.6.4}$$

4. 6. 5　支座水平等效阻尼比 h_{eq} 可按下式计算：

$$h_{eq} = \frac{W_d}{2\pi K_h X^2} \tag{4.6.5}$$

式中　W_d——为剪力-剪切位移滞回曲线的包络面积，即每加载循环所消耗的能量（N · mm），由试验确定。

4.7　支座内部钢板和支座连接设计

4. 7. 1　支座内部钢板的设计应满足下列要求：

$$\sigma_s = 2\lambda \frac{P t_r}{A t_s} \leqslant f_t \tag{4.7.1}$$

式中　σ_s——内部钢板拉应力（MPa）;

f_t——钢材的抗拉强度设计值（MPa）;

t_s——单层内部钢板的厚度（mm）;

λ——钢板应力修正系数：无开孔时，λ=1.0；有开孔时

$(A_p / A = 0.03 \sim 0.1)$，$\lambda=1.5$；

A_P——开孔面积。

4.7.2 支座连接螺栓和法兰板设计可按现行国家标准 GB 20688.3 执行。

5 叠层橡胶隔震支座的性能要求与检验规则

5.1 一般规定

5.1.1 确定支座性能的标准温度为（23±2）℃，确定支座工作温度的范围应考虑支座的实际使用环境。

5.1.2 制造厂家提供建筑工程应用的叠层橡胶隔震支座新产品（包括新种类、新规格、新型号）进行认证鉴定时，或已有支座产品的结构、材料、工艺方法等有较大改变时，应进行型式检验，并提供型式检验报告。型式检验合格，并取得型式检验报告后方可进行工程应用。

5.1.3 叠层橡胶隔震支座产品在出厂前应进行出厂检验，检验合格并附出厂合格说明文件，方可出厂。

5.1.4 叠层橡胶隔震支座产品在工程应用前由具有专门资质的检测机构进行第三方检验。

5.2 力学性能试验项目和要求

5.2.1 支座力学性能试验项目应符合表5.2.1的规定，试验方法按《橡胶支座第1部分：隔震橡胶支座试验方法》GB/T 20688.1的相关要求执行。

表 5.2.1 支座力学性能试验项目

性能	试验项目	出厂检验或第三方检验	型式检验	试件
压缩性能	竖向压缩刚度	√	√	足尺
	压缩位移			
剪切性能	水平等效刚度	√	√	足尺
	等效阻尼比			
	屈服后刚度			
	屈服力			
拉伸性能	破坏拉力	Δ	Δ	足尺或缩尺模型 B
	屈服拉力			
	拉伸破坏或屈服时对应的剪应变			
剪切性能相关性	剪应变相关性	×	√	足尺
	压应力相关性	×	Δ	足尺
	加载频率相关性	×	√$^{\#}$	足尺或缩尺模型 A，标准试件，剪切型橡胶试件
	反复加载次数相关性	×	√	足尺或缩尺模型 B
	温度相关性	×	√$^{\#}$	足尺或缩尺模型 A，标准事件，剪切型橡胶试件
压缩性能相关性	剪应变相关性	×	Δ	足尺或缩尺模型 B
	压应力相关性	×	Δ	
极限剪切性能	破坏剪应变 屈曲剪应变 翻滚剪应变	×	√	足尺或缩尺模型 B
耐久性能	老化性能	×	√$^{\#}$	足尺或缩尺模型 A，标准试件，剪切型橡胶试件
	徐变性能	×	√	足尺或缩尺模型 A

注：√—要进行试验；√$^{\#}$—对支座试件或剪切型橡胶试件进行试验；×—不进行试验；Δ—可选择进行试验。

缩尺模型 A 的尺寸要求：对于圆形支座，直径≥150 mm；对于矩形支座，长度≥100 mm；橡胶层厚度≥1.5 mm；钢板厚度≥0.5 mm。

缩尺模型 B 的尺寸要求：最小比例为 1/2，对于圆形支座，直径≥400 mm；对于矩形支座，长度≥400 mm；橡胶层厚度≥1.5 mm；钢板厚度≥0.5 mm。

标准试件：见 GB/T 20688.1—2007 第 6.1 条。对 LRB，标准试件仅允许用于老化试验。

剪切型橡胶试件：见 GB/T 20688.1—2007 第 5.8.3 条。对 LRB，剪切型橡胶试件仅允许用于老化试验。

5.2.2 支座力学性能要求应符合表 5.2.2 的规定，试验方法按 GB/T 20688.1 的相关要求执行。

表 5.2.2 支座力学性能要求

序号	项 目	要 求	试 件	试验要求
1	压缩性能	1. 竖向压缩变形不大于 5 mm。 2. 竖向压缩刚度 K_v 允许偏差为 ± 30%。 3. 直径 600 mm 及以下支座的侧向不均匀变形不大于 3 mm，直径 600 mm 以上支座的侧向不均匀变形不大于 5 mm；卸载 12 h 后的残余变形不大于上述数值的 50%	型式检验；应采用足尺支座；出厂检验；应采用支座产品	1. 按 GB/T20688.1 相应方法 2 加载 3 次，竖向压缩刚度 K_v 应按第 3 次加载循环测试值计算。 2. 试验标准温度为 23 °C，否则应对试验结果进行温度修正
2	剪切性能	1. 剪切性能允许偏差见表 4.2.4。 2. 测量项目： 1）天然橡胶支座：水平等效刚度 K_h； 2）高阻尼橡胶支座：水平等效刚度 K_h，等效阻尼比 h_{eq}； 3）铅芯橡胶支座：水平等效刚度 K_h，等效阻尼比 h_{eq}，或者屈服后刚度 K_s，屈服力 Q_d	型式试验：应采用足尺支座；出厂检验：应采用支座产品	1. 加载方法采用 3 次加载循环法，加载 3 次，剪切性能应按第 3 次加载循环测试值计算。剪应变为 γ_0 或 100%。 2. 若加载频率和设计频率不同，应对试验结果进行修正。基准频率为设计频率或 0.5 Hz。 3. 试验标准温度为 23 °C，否则应对试验结果进行温度修正。 4. 可采用单、双剪试验装置

续表

序号	项　目	要　求	试　件	试验要求
3	拉伸性能	1. 拉伸性能应满足设计要求。 2. 剪应变为 0 时的破坏拉应力不应小于 1.2 MPa	足尺或缩尺模型 B	1. 试件在指定剪应变作用下，进行指定拉力下的拉伸性能试验。 2. 可采用单、双剪试验装置
4	极限剪切性能	1. 支座在最大和最小竖向荷载作用下，剪切位移达到设计最大值之前，不应出现破坏、屈曲或翻滚。 2. 测试极限剪切性能时采取的竖向应力：Ⅰ型、Ⅱ型支座：σ_{max}、σ_{min}（可受拉）；Ⅲ型支座：σ_{max}、σ_{min}（不可受拉）	足尺或缩尺模型 B	可采用单、双剪试验装置

5.2.3 支座的剪切性能相关性应满足表 5.2.3 的要求，试验装置均可采用单、双剪试验装置，试验方法按 GB/T 20688.1 的相关要求执行。

表 5.2.3 支座的剪切性能相关性要求

序号	项　目	要　求	试　件
1	剪应变相关性	基准剪应变为设计剪应变γ_0	足尺支座
2	压应力相关性	基准剪应变为设计剪应变σ_0	足尺支座
3	加载频率相关性	基准加载频率 0.5 Hz	足尺支座、缩尺模型 A、标准试件或剪切型橡胶试件
4	反复加载次数相关性	基准反复加载次数为第 3 次	足尺、缩尺模型支座
5	温度相关性	基准温度为 23 °C	足尺、缩尺模型支座，标准试件或剪切型橡胶试件

5.2.4 支座的压缩性能相关性应满足表 5.2.4 的要求，试验方法按 GB/T20688.1 的相关要求执行。

表 5.2.4 支座的压缩性能相关性要求

序 号	项 目	要 求	试 件
1	剪应变相关性	基准剪应变为 0	足尺、缩尺模型
2	压应力相关性	基准压应力为 $\sigma_0 \pm 0.3\sigma_0$	足尺、缩尺模型

5.2.5 支座的耐久性性能要求应满足表 5.2.5 的要求。

表 5.2.5 支座的耐久性性能要求

序号	项 目	要 求	试 件
1	老化性能	水平等效刚度 K_h 和等效阻尼比 h_{eq} 的变化率应满足设计要求	足尺、缩尺模型 A、标准试件或剪切型橡胶试件
2	压应力相关性	60 年徐变量不应超过 10%	足尺、缩尺模型

5.3 橡胶材料物理试验性能要求

5.3.1 橡胶材料性能物理试验项目应满足表 5.3.1 的规定，试验方法按 GB/T20688.1 的相关要求执行。

表 5.3.1 橡胶材料物理性能试验项目

性能	试验项目	出厂检验		型式检验	
		内部橡胶	橡胶保护层	内部橡胶	橡胶保护层
拉伸性能	拉伸强度	√	√	√	√
	扯断伸长率	√	√	√	√
	100%拉应变的弹性模量	×	×	√	√

续表

性能	试验项目	出厂检验		型式检验	
		内部橡胶	橡胶保护层	内部橡胶	橡胶保护层
老化性能	拉伸强度变化率	Δ	Δ	√	√
	扯断伸长变化率	Δ	Δ	√	√
	100%拉应变的弹性模量变化率	×	×	√	√
硬度	硬度	Δ	Δ	Δ	Δ
黏合性能	橡胶与金属黏合强度试件破坏类型	Δ	×	√	√
脆性性能	脆性温度	×	×	Δ	√*
抗臭氧性能	外观变化	×	Δ	×	√
压缩性能	压缩永久变形	√	×	√	×
剪切性能	剪切模量	Δ	×	√	×
	等效阻尼比	Δ	×	√	×
	剪切模量和等效阻尼比的温度相关性	×	×	Δ	×
	破坏剪应变	×	×	Δ	×
低温结晶性能	硬度变化率	×	×	√$^{+}$	√$^{+}$

注：√—应进行试验；×—不进行试验；Δ—有特殊要求时进行试验；

√$^{+}$—必须进行试验，除非橡胶对工作温度范围内的结晶不敏感；

√*—使用环境温度低于 0 °C 时，应进行试验。

5.4 外观质量和偏差要求

5.4.1 支座外观质量要求应满足表 5.4.1 的要求。

表 5.4.1 外观质量要求

缺陷名称	要 求
气 泡	单个表面气泡面积不超过 50 mm^2
杂 质	杂质面积不超过 30 mm^2
缺 胶	缺胶面积不超过 150 mm^2，不得多于 2 处，且内部嵌件不允许外露
凹凸不平	凹凸不超过 2 mm，面积不超过 50 mm^2，不得多于 3 处
胶钢粘结不牢（上、下端面）	裂纹长度不超过 30 mm，深度不超过 3 mm，不得多于 3 处
裂纹（侧面）	不允许
钢板外露（侧面）	不允许

5.4.2 支座偏差应符合下列规定：

1 支座平面尺寸允许偏差：Ⅰ型、Ⅱ型和设暗销的Ⅲ型支座的平面尺寸偏差应符合表 5.4.2-1 的规定。对于设凹槽的Ⅲ型支座，其平面尺寸允许偏差可取 2 mm 或 0.4%中的较大值。

表 5.4.2-1 支座产品平面尺寸的允许偏差

D'，a'和 b'（mm）	允许偏差
D'，a'和 b'≤500	5 mm
D'>500，a'和 b'≤1 500	1%
D'，a'和 b'≤1 500	15 mm

其中：

D' —圆形支座包括保护层厚度的外部直径；

a'—矩形支座包括保护层厚度的长边长度；

b'—圆形支座包括保护层厚度的短边长度。

2 支座高度的允许偏差：支座产品高度的允许偏差为 ± 1.5%与 ± 6.0 mm 两者中的较小者。

3 支座的平整度要求应按下式计算：

$$|\theta| \leqslant 0.25\% \quad (5.4.2\text{-}1)$$

$$|\delta_v| \leqslant 3.0\ \text{mm} \quad (5.4.2\text{-}2)$$

θ的计算按式：

$$\theta = \left|\frac{\delta_v}{D_t}\right| \text{或} \left|\frac{\delta_v}{D'}\right| \quad (5.4.2\text{-}3)$$

式中 θ——平整度；

δ_v——支座平整度偏差，即相距 180°的两点所测的支座高度之差；

D_t——圆形连接板直径（Ⅰ型和Ⅱ型安装连接板后）。

4 支座产品的水平偏移（δ_u）不应超过 5.0 mm（此偏移值也适用于试验后 48 h 内残余变形的限制要求）。

5 连接板平面尺寸允许偏差应符合表 5.4.2-2 的规定。

表 5.4.2-2 连接板直径 D_t和边长 L_t允许偏差（mm）

连接板厚度 t_t	D_t(或 L_t)<1 000	1 000<D_t(或 L_t)<3150	3 150<D_t(或 L_t)<6 000
6<t_t≤27	± 2.0	± 2.5	± 3.0
27<t_t≤50	± 2.5	± 3.0	± 3.5
50<t_t≤100	± 3.5	± 4.0	± 4.5

其中：L_t —正方形连接板的边长。

6　连接板厚度允许偏差应符合表 5.4.2-3 的规定。

表 5.4.2-3　I 型支座连接板厚度允许偏差（mm）

连接板厚度 t_t	允许偏差	
	D_t(或 L_t)<1 600	1600<D_t(或 L_t)<2 000
16.0<t_t≤25.0	± 0.65	± 0.75
25.0<t_t≤40.0	± 0.70	± 0.80
40.0<t_t≤63.0	± 0.80	± 0.95
63.0<t_t≤1 000	± 0.90	± 1.10

7　连接板螺栓孔位置（包括封板螺纹孔位置）允许偏差应符合表 5.4.2-4 的规定。

表 5.4.2-4　螺栓孔位置的允许偏差（mm）

D_t 或 L_t	允许偏差
400<D_t(或 L_t)<1 000	± 0.8
1 000<D_t(或 L_t)<2 000	± 1.2
D_t(或 L_t)>2 000	± 2.0

5.5　产品标识

5. 5. 1　支座产品的标识和标签应提供下列信息：

1　制造厂家的名字、企业商标及产品识别码；

2　支座的类型：天然橡胶支座（LNR），高阻尼橡胶支座（HDR），铅芯橡胶支座（LRB）；

3 产品序列号或生产号码；

4 支座产品的尺寸。

5.5.2 支座产品的标识和标签应显示在支座的侧表面，具有良好的防水性、耐磨损性和耐久性，易于辨认，字符高度和宽度应大于 50 mm。

6 结构隔震设计

6.1 一般规定

6.1.1 确定结构隔震设计方案时，应综合考虑建筑的房屋高度、抗震设防类别、抗震设防烈度、建筑结构类型、性能设计目标、场地条件、地基基础情况、结构材料、施工条件和建设方要求等诸多因素，进行技术、经济和使用条件等综合分析。

6.1.2 建筑结构采用叠层橡胶隔震支座设计应符合下列规定:

1 结构高宽比不宜大于 4，且不应大于相应规范规程对非隔震结构的具体规定，其变形特征接近剪切变形，最大高度应满足现行国家标准《建筑抗震设计规范》GB 50011 非隔震结构的要求；高宽比大于 4 或高宽比大于非隔震结构相关规定的结构采用隔震设计时，应进行专门研究。

2 建筑场地宜为Ⅰ、Ⅱ、Ⅲ类，并应选用稳定性较好的基础类型。

3 风荷载和其他非地震作用的水平荷载标准值产生的总水平力不应超过结构总重力荷载标准值的 10%。

4 隔震层应提供必要的竖向承载力、侧向刚度和阻尼；穿过隔震层的设备配管、配线，应采用柔性连接或其他有效措施以适应隔震层的罕遇地震水平位移。

5 结构布置宜规则，当存在连廊、裙房，或楼层层高差异较大时，宜划分为多结构单体。

6.1.3 隔震结构两个方向的基本周期相差不应超过较小值的20%。

6.1.4 在罕遇地震作用下，叠层橡胶支座不宜出现拉应力，隔震层不宜出现不可恢复的变形。当隔震支座不可避免处于受拉状态时，在罕遇地震的水平和竖向地震同时作用下，拉应力不应大于1 MPa，压应力均不宜大于30 MPa。

6.1.5 叠层橡胶支座的支墩设计，应便于叠层橡胶支座的维护与更换。

6.1.6 隔震层以上结构伸缩缝的最大间距不宜大于同类非隔震房屋最大间距的2倍，且应考虑温度变化和混凝土收缩对隔震支座的影响，并在施工时采取有效措施减少混凝土收缩应力造成的隔震支座变形，必要时，宜在施工过程中建立变形监测系统。

6.1.7 隔震结构设置防震缝时，防震缝的宽度应符合下列规定：

1 防震缝两侧均为隔震结构时，缝宽不小于防震缝两侧隔震支座在罕遇地震下最大水平位移之和的1.2倍，且不应小于400 mm。

2 防震缝一侧为隔震结构、另一侧为非隔震结构时，缝宽不小于隔震支座在罕遇地震下最大水平位移的1.2倍与非隔震结构在对应于两侧房屋较低处屋面标高的罕遇地震位移的1.2倍之和，且不应小于300 mm。

6.1.8 隔震层宜设置在结构底层以下的部位，当有必要设在其他部位时，应进行相应的专项分析。

6.2 设计计算方法及要点

6.2.1 建筑结构隔震设计的计算分析，应符合下列要求：

1 隔震体系的计算简图，应增加由隔震支座及其顶部梁板组成的质点；对变形特征为剪切型的结构可采用剪切模型；当隔震层以上结构的质心与隔震层刚度中心不重合时，应计入扭转效应的影响。隔震层顶部的梁板结构应作为其上部结构的一部分进行计算和设计。

2 砌体结构及基本周期与其相当的结构可按现行国家标准《建筑抗震设计规范》GB 50011 相关要求简化计算。

3 一般情况下，宜采用时程分析法进行计算，隔震体系的计算模型宜考虑结构构件的空间分布、隔震支座的位置、隔震结构的质量偏心、在两个水平方向的平移和扭转、隔震层的非线性阻尼特性以及荷载-位移关系特性；对一般建筑，可采用层模型，考虑隔震层的等效刚度和等效阻尼比。隔震建筑的上部结构和下部结构的荷载-位移关系特性可采用线弹性模型。

4 采用时程分析方法时，选取的时程曲线应满足现行国家标准《建筑抗震设计规范》GB 50011 相关要求，当取三组加速度时程曲线输入时，计算结果宜取包络值；当取七组加速度时程曲线输入时，计算结果宜取平均值。

5 体型不规则的结构不设置防震缝时，应选用符合实际的结构计算模型进行计算分析，并采取必要的加强措施。

6.2.2 隔震层的布置应符合下列要求：

1 阻尼装置和抗风装置可与隔震支座合为一体，亦可单独设置。必要时可设置限位装置。

2 隔震层刚度中心宜与上部结构的质量中心重合。

3 隔震支座的平面布置宜与上部结构和下部结构中竖向受力构件的平面布置相对应。隔震支座底面宜布置在相同标高位置上，必要时也可布置在不同标高的位置上。

4　同一结构选用多种规格的隔震支座时，应注意充分发挥每个隔震支座的承载力和水平变形能力。

5　同一支承处选用多个隔震支座时，隔震支座之间的净距应满足安装和更换时所需要的空间尺寸需求。

6　设置在隔震层的抗风装置宜对称、分散地布置在建筑物的周边。

7　橡胶支座应设置在受力较大的位置，间距不宜过大，其规格、数量和分布应根据其竖向承载力、侧向刚度和阻尼的要求通过计算确定。

6.2.3　隔震层以上结构的水平地震作用应根据水平向减震系数确定；其竖向地震作用标准值，8 度（0.20g）、8 度（0.3g）和 9 度时分别不应小于隔震层以上结构总重力荷载代表值的 20%、30%和 40%。

6.2.4　隔震层以上结构的地震作用计算，应符合下列规定：

1　隔震后水平地震作用计算的水平地震影响系数可按现行国家标准《建筑抗震设计规范》GB50011—2010 第 5.1.4 条和第 5.1.5 条确定。其中，水平地震影响系数最大值可按下式计算：

$$\alpha_{\max 1} = \beta \alpha_{\max} / \psi \qquad (6.2.4)$$

式中　$\alpha_{\max 1}$——隔震后的水平地震影响系数最大值；

$\alpha_{\max}$——非隔震的水平地震影响系数最大值，按现行国家标准《建筑抗震设计规范》GB50011—2010 第 5.1.4 条采用；

β——水平向减震系数：对于多层建筑，为按弹性计算所得的隔震与非隔震各层层间剪力的最大比值；对高层建筑结构，尚应计算隔震与非隔震各层倾覆力矩的最大比值，并与层间剪力的最大比值相比较，取二者的较大值；

ψ——调整系数：一般橡胶支座，取 0.80；支座剪切性能偏差为 S-A 类，取 0.85；隔震装置带有阻尼器时，相应减少 0.05。

注：1 弹性计算时，简化计算和反应谱分析时宜按隔震支座水平剪切应变为 100%时的性能参数进行计算；当采用时程分析法时按设计基本地震加速度输入进行计算。

2 支座剪切性能偏差按现行国家标准《橡胶支座 第 3 部分：建筑隔震橡胶支座》GB 20688.3 确定。

2 隔震层以上结构的总水平地震作用不得低于非隔震结构在 6 度设防时的总水平地震作用，并应进行抗震验算；各楼层的水平地震剪力尚应符合现行国家标准《建筑抗震设计规范》GB50011—2010 第 5.2.5 条对本地区设防烈度的最小地震剪力系数的规定。

3 建筑场地处于发震断层 10 km 以内时，简化计算方法、振型分解反应谱法、时程分析法水平作用计算结果尚应乘以近场影响系数，5 km 以内宜取 1.5，5 km 以外可取不小于 1.25。

4 隔震结构属于下列情形之一时，应进行竖向地震作用计算，且多遇地震分析时尚应考虑竖向地震作用为主的工况组合：

1）本地区设防烈度为 9 度时；

2）本地区设防烈度为 8 度且水平向减震系数不大于 0.3 时；

3）上部结构有长悬臂构件、大跨度屋盖和屋架时。

6.2.5 隔震层的橡胶隔震支座应符合下列规定：

1 隔震支座在表6.2.5所列的压应力下的极限水平位移，应大于其有效直径的0.55倍和支座内部橡胶总厚度3倍二者的较大值。

2 在经历相应设计基准期的耐久试验后，隔震支座的刚度、阻尼特性变化不应超过初期值的±20%；徐变量不应超过支座内部橡胶总厚度的5%。

3 橡胶隔震支座在重力荷载代表值下的竖向压应力不应超过表6.2.5的规定。

表6.2.5 橡胶隔震支座压应力限值

建筑类别	甲类建筑	乙类建筑	丙类建筑
压应力限值（MPa）	10	12	15

注：1 压应力设计值应按照永久荷载和可变荷载的组合计算；其中，楼面活荷载应按照现行国家标准《建筑结构荷载规范》GB 50009的规定乘以折减系数。

2 结构倾覆性验算时应包括水平地震作用效应组合；对需进行竖向地震作用计算的结构，尚应包括竖向地震作用效应组合。

3 当橡胶支座的第二形状系数（有效直径与橡胶层总厚度之比）小于5.0时应降低压应力限值：小于5不小于4时降低20%，小于4不小于3时降低40%。

4 外径小于300 mm的橡胶支座，压应力限值为10 MPa。

6.2.6 隔震层的水平等效刚度和等效黏滞阻尼比，可按下式公式计算：

$$K_{\mathrm{H}} = \sum K_j \quad (6.2.6\text{-}1)$$

$$\zeta_{\mathrm{eq}} = \sum K_j \zeta_j / K_{\mathrm{H}} \quad (6.2.6\text{-}2)$$

式中　ζ_{eq}——隔震层等效黏滞阻尼比；

K_H——隔震层水平等效刚度；

ζ_j——第 j 个隔震支座由试验确定的等效阻尼比，设置阻尼器装置时，应包含阻尼装置的阻尼比；

K_j——第 j 个隔震支座（含阻尼装置）由试验确定的水平等效刚度。

6.2.7　隔震支座由试验确定设计参数时，竖向荷载应保持本标准表 6.2.5 的压应力限值；对设防地震验算，水平向减震系数计算，应取剪切变形 100%的等效刚度和等效阻尼比；对罕遇地震验算，宜采用剪切变形 250%时的等效刚度和等效黏滞阻尼比，当隔震支座直径较大时，可采用剪切变形 100%的等效刚度和等效黏滞阻尼比。当采用时程分析时，应以试验所得滞回曲线作为计算依据。

6.2.8　隔震支座的水平剪力应根据隔震层在罕遇地震下的水平剪力按各隔震支座的水平等效刚度分配；当按扭转耦联计算时，尚应计及隔震层的扭转刚度。隔震支座对应于罕遇地震水平剪力的水平位移，应按下式计算：

$$u_i \leqslant [u_i] \quad (6.2.8\text{-}1)$$

$$u_i = \eta_i u_c \quad (6.2.8\text{-}2)$$

式中　u_i——罕遇地震作用下，第 i 个隔震支座考虑扭转的水平位移；

$[u_i]$——第 i 个隔震支座的水平位移限值；对橡胶隔震支座，不应超过该支座有效直径的 0.55 倍和支座内部橡胶总厚度的 3.0 倍二者的较小值；

u_c——罕遇地震下隔震层质心处的水平位移；

η_i——第 i 个隔震支座的扭转影响系数，应取考虑扭转和

不考虑扭转时 i 支座计算位移的比值；当隔震层以上结构的质心与隔震层刚度中心在两个主轴方向均无偏心时，边支座的扭转影响系数不应小于 1.15。

6. 2. 9 隔震层连接部件（如隔震支座或抗风装置的上、下连接件，连接用预埋件等）应按照罕遇地震作用进行强度验算。其中，抗风装置应按下列公式进行验算：

$$\gamma_{\mathrm{w}} V_{\mathrm{wk}} \leqslant V_{\mathrm{Rw}} \tag{6.2.9}$$

式中 V_{Rw}——抗风装置的水平承载力设计值：当抗风装置是隔震支座的组成部分时，取隔震支座的水平屈服荷载设计值；当抗风装置单独设置时，取抗风装置的水平承载力，可按材料屈服强度设计值确定；

γ_{w}——风荷载分项系数，采用 1.4；

V_{wk}——风荷载作用下隔震层的水平剪力标准值（对风荷载比较敏感的高层建筑，承载力设计时应按基本风压的 1.1 倍采用）。

6. 2. 10 上部结构应按国家现行规范对非隔震结构的规定进行截面抗震验算。其中的水平地震作用效应，可依据水平向减震系数确定。

6. 2. 11 高层建筑结构隔震设计时，宜对上部结构在多遇地震和罕遇地震作用下的变形进行验算。

6. 2. 12 隔震层以下的结构和基础应符合下列要求：

1 隔震层支墩、支柱及相连构件，应采用隔震结构罕遇地震下隔震支座底部的竖向力、水平力和力矩进行承载力验算。

2 隔震层以下的结构（包括地下室和隔震塔楼下的底盘）中直接支撑隔震层以上结构的相关构件，应满足嵌固的刚度比和隔震后设防地震的抗震承载力要求，并按罕遇地震进行抗剪承载力验算。隔震层以下地面以上的结构在罕遇地震下的层间位移角限值应满足表 6.2.12 的要求。

表 6.2.12 隔震层以下地面以上结构罕遇地震作用下层间弹塑性位移角限值

下部结构类型	$[\theta_p]$
钢筋混凝土框架结构和钢结构	1/100
钢筋混凝土框架-抗震墙	1/200
钢筋混凝土抗震墙	1/250

3 隔震建筑地基基础的抗震验算和地基处理仍应按本地区抗震设防烈度进行，甲、乙类建筑的抗液化措施应按提高一个液化等级确定，直至全部消除液化沉陷。

6. 2. 13 隔震结构抗倾覆验算应符合下列要求：

1 隔震结构的高宽比超过下表 6.2.13 的规定时，应进行抗倾覆验算。

表 6.2.13 应进行抗倾覆验算的结构高宽比限值

结构类型	本地设防烈度	高宽比限值
砌体结构	6、7 度	2.5
	8 度	2.0
	9 度	1.5
钢筋混凝土框架结构 钢筋混凝土框架-抗震墙结构	6、7 度	4.0
	8 度	3.0
	9 度	2.0
钢筋混凝土抗震墙结构	6、7 度	4.0
	8 度	4.0
	9 度	4.0

2 进行结构整体抗倾覆验算时，应按罕遇地震作用计算倾覆力矩，并按上部结构重力荷载代表值计算抗倾覆力矩，抗倾覆安全系数应大于 1.2。

3 上部结构传递到隔震支座的重力荷载代表值应考虑倾覆力矩引起的增加值。

6.3 构造措施

6.3.1 隔震层以上结构的抗震措施，当水平向减震系数大于 0.4 时（设置阻尼器时为 0.38），不应降低非隔震时的有关要求；水平向减震系数不大于 0.4 时（设置阻尼器时为 0.38），可适当降低现行国家标准《建筑抗震设计规范》GB50011—2010 有关章节对非隔震建筑的要求，但烈度降低不得超过 1 度，与抵抗竖向地震作用有关的抗震构造措施不应降低。

6.3.2 隔震层上部为钢筋混凝土结构时，抗震措施可直接按降低后的烈度，根据现行国家标准《建筑抗震设计规范》GB50011 确定，水平向减震系数与隔震后上部结构抗震措施所对应烈度的分档应符合表 6.3.2 的要求。

表 6.3.2 水平向减震系数与隔震后上部结构抗震措施所对应烈度的分档

本地区设防烈度（设计基本地震加速度）	水平向减震系数	
	$\beta \geqslant 0.40$	$\beta < 0.40$
9（0.40g）	8（0.30g）	8（0.20g）
8（0.30g）	8（0.20g）	7（0.15g）
8（0.20g）	7（0.15g）	7（0.10g）
7（0.15g）	7（0.10g）	7（0.10g）
7（0.10g）	7（0.10g）	6（0.05g）

6.3.3 隔震层应符合下列规定：

1 隔震支座与上部结构、下部结构应有可靠的连接。

2 与隔震支座连接的梁、柱、墩等应考虑水平受剪和竖向局部承压，并采取可靠的构造措施，如加密箍筋或配置网状钢筋。

多层砌体房屋的隔震层位于地下室顶部时，隔震支座不宜直接放置在砌体墙上，并应验算砌体的局部承压。

3 利用构件钢筋作避雷线时，应采用柔性导线连通上部与下部结构的钢筋。

4 穿过隔震层的竖向管线应符合下列规定：

1）直径较小的柔性管线在隔震层处应预留伸展长度，其值不应小于隔震层在罕遇地震作用下最大水平位移的 1.2 倍；

2）直径较大的管道在隔震层处应采用柔性材料或柔性接头；

3）重要管道、可能泄漏有害介质或燃介质的管道，在隔震层处应采用柔性接头。

5 隔震层设置在有耐火要求的使用空间中时，隔震支座和其他部件应根据使用空间的耐火等级采取相应的防火措施。

6 隔震层所形成的缝隙可根据使用功能要求，采用柔性材料封堵、填塞。

7 隔震层应留有便于观测和更换隔震支座的空间。

8 无地下室的基础梁上表面与隔震层的梁底面之间应留有不小于 800 mm 的空间，以便检修。

9 应在适当位置设置检查口，以便于进入隔震层检查隔震支座。

6.3.4 上部结构应符合下列规定：

1 上部结构的首层应设置梁板式楼盖，且应符合下列规定：

1）隔震支座的相关部位应采用现浇钢筋混凝土梁板结

构，现浇板厚度不应小于 180 mm。

2）隔震层顶部楼面梁板体系的刚度和承载力宜大于一般楼面的刚度和承载力。

3）隔震支座附近的梁、柱应计算冲切和局部承压，加密箍筋并根据需要配置网状钢筋或型钢。

2 上部结构应采取不阻碍隔震层在罕遇地震下发生大变形的下列措施：

1）防震缝的设置按本标准 6.1.8 条执行。

2）上部结构（包括与其相连的任何构件）与下部结构（包括地下室和与其相连的构件）之间，应设置完全贯通的水平隔离缝，缝高可取 20 mm，并用柔性材料填充；当设置水平隔离缝确有困难时，应设置可靠的水平滑移垫层。

3）穿越隔震层的门廊、楼梯、电梯、车道等部位，应无任何障碍物，并防止可能的碰撞。

4）室外台阶、散水等不得阻碍隔震层移动。

6.3.5 隔震层上部结构为砌体结构时，隔震层顶部楼板的纵横梁构造均应符合现行国家标准《建筑抗震设计规范》GB 50011 关于底部框架-抗震墙砌体房屋的钢筋混凝土托墙梁的构造要求。

6.3.6 丙类建筑隔震后上部砌体结构的抗震构造措施尚应符合下列规定：

1 承重外墙尽端至门窗洞边的最小距离和圈梁的截面及配筋构造，应符合现行国家标准《建筑抗震设计规范》GB 50011 按设防烈度的有关规定。

2 多层砖砌体房屋的钢筋混凝土构造柱设置，水平向减震系数大于 0.4 时（设置阻尼器时为 0.38），仍应符合现行国家标准

《建筑抗震设计规范》GB 50011 按设防烈度的有关规定；（7~9）度，水平向减震系数不大于 0.4 时（设置阻尼器时为 0.38），应符合表 6.3.6-1 的规定。

3 多层混凝土小型空心砌块房屋芯柱的设置，水平向减震系数大于 0.4 时（设置阻尼器时为 0.38），仍应符合现行国家标准《建筑抗震设计规范》GB 50011 按设防烈度的有关规定；（7 ~ 9）度，水平向减震系数不大于 0.4 时（设置阻尼器时为 0.38），应符合表 6.3.6-2 的规定。

4 上部结构的其他抗震构造措施，水平向减震系数大于 0.4 时（设置阻尼器时为 0.38）仍按现行国家标准《建筑抗震设计规范》GB 50011—2010 第 7 章的相应规定采用；（7 ~ 9）度，水平向减震系数不大于 0.4 时（设置阻尼器时为 0.38），可按现行国家标准《建筑抗震设计规范》GB 50011—2010 第 7 章降低一度的相应规定采用。

表 6.3.6-1 隔震后砖砌体房屋构造柱设置要求

<table>
<tr><th colspan="3">房屋层数</th><th colspan="2" rowspan="2">设置部位</th></tr>
<tr><th>7 度</th><th>8 度</th><th>9 度</th></tr>
<tr><td>三、四</td><td>二、三</td><td></td><td rowspan="4">楼、电梯间四角，楼梯斜段上下端对应的墙体处；外墙四角和对应转角；错层部位横墙与外纵墙交接处，较大洞口两侧，大房间内外墙交接处</td><td>每隔 12 m 或单元横墙与外墙交接处</td></tr>
<tr><td>五</td><td>四</td><td>二</td><td>每隔三开间的横墙与外墙交接处</td></tr>
<tr><td>六</td><td>五</td><td>三、四</td><td>隔开间的横墙（轴线）与外墙交接处，山墙与内纵墙交接处；9 度四层，外纵墙与内墙（轴线）交接处</td></tr>
<tr><td>七</td><td>六、七</td><td>五</td><td>内墙（轴线）与外墙交接处，内墙局部较小墙垛处；9 度四层，内纵墙与横墙（轴线）交接处</td></tr>
</table>

表 6.3.6-2　隔震后混凝土小型空心砌块房层芯柱设置要求

<table>
<tr><th colspan="3">房屋层数</th><th rowspan="2">设置部位</th><th rowspan="2">设置数据</th></tr>
<tr><th>7 度</th><th>8 度</th><th>9 度</th></tr>
<tr><td>三、四</td><td>二、三</td><td></td><td>外墙转角，楼梯间四角，楼梯斜段上下端对应的墙体处；大房间内外墙交接处；每隔 12 m 或单元横墙与外墙交接处</td><td rowspan="2">外墙转角，灌实 3 个孔；
内外墙交接处，灌实 4 个孔</td></tr>
<tr><td>五</td><td>四</td><td>二</td><td>外墙转角，楼梯间四角，楼梯斜段上下端对应的墙体处；大房间内外墙交接处，山墙与内纵墙交接处，隔三开间横墙（轴线）与外纵墙交接处</td></tr>
<tr><td>六</td><td>五</td><td>三</td><td>外墙转角，楼梯间四角，楼梯斜段上下端对应的墙体处；大房间内外墙交接处，隔开间横墙（轴线）与外纵墙交接处，山墙与内纵墙交接处；8、9 度时，外纵墙与横墙（轴线）交接处，大洞两侧</td><td>外墙转角，灌实 5 个孔；内外墙交接处，灌实 5 个孔；
洞口两侧各灌实 1 个孔</td></tr>
<tr><td>七</td><td>六</td><td>四</td><td>外墙转角，楼梯间四角，楼梯斜段上下端对应的墙体处；各内外墙（轴线）与外墙交接处，内纵墙与横墙（轴线）交接处；洞口两侧</td><td>外墙转角，灌实 7 个孔；内外墙交接处，灌实 4 个孔；
内墙交接处，灌实 4~5 个孔；
洞口两侧各灌实 1 个孔</td></tr>
</table>

6. 3. 7　隔震层部件应符合下列规定：

1　隔震支座与上部结构、下部结构之间应设置可靠的连接部件，连接件应能传递罕遇地震下支座的最大水平剪力和弯矩。连接件的连接螺栓和锚固钢筋，均须按罕遇地震作用对隔震支座在上下联结面的水平剪力、竖向力及其偏心距进行验算。

2　隔震部件应与周围固定物脱开。与水平方向固定物的脱开距离不宜少于隔震层在罕遇地震作用下最大位移的 1.2 倍，且不小于 200 mm；与竖直方向固定物的脱开距离宜取所采用的隔震支座中橡胶层总厚度最大者的 1/25 加上 10 mm，且不小于 20 mm。

3 外露的钢制预埋件、连接件应有可靠的防锈措施。预埋件、连接件在制作检验合格后，应对其表面进行除锈和涂装。除锈和涂装设计除应符合现行国家标准《钢结构工程施工质量验收规范》GB 50205、《涂装前钢材表面锈蚀等级和除锈等级》GB 8923、《工业建筑防腐蚀设计规范》GB 50046 和现行行业标准《建筑钢结构防腐蚀技术规程》JGJ/T 251 中的有关规定外，尚应符合下列规定：

1）钢材表面原始锈蚀等级不低于 B 级。

2）所有预埋件、连接件在除锈处理前，应清除焊渣、毛刺和飞溅物等附着物，对边角进行钝化处理，并应清除基体表面可见的油脂和其他污物。除锈等级不应低于 $St\frac{1}{2}$（机械）或 $St3$（手工）。

3）涂装设计应满足腐蚀环境、工况条件和防腐蚀年限要求；应综合考虑底涂层与基材的适应性，涂料各层之间的相容性和适应性。防腐蚀涂层的涂料选用应采用环保型产品。

4 当隔震支座外露于室外地面或其他情况需要密闭保护时，应选择合适材料和做法，保证隔震层在罕遇地震下的变形不受影响，同时按实际需要考虑防水、保温、防火等要求。

6.4 既有建筑隔震加固设计

6.4.1 既有建筑隔震加固设计除应满足本节的规定外，尚应符合 6.1 ~ 6.3 中新建建筑隔震设计的要求。

6.4.2 对既有建筑进行隔震加固设计之前，应由具有相关资质及能力的机构按照相关标准进行有针对性的检测与鉴定。

6.4.3 既有建筑隔震加固设计应进行专家论证。

6.4.4 隔震加固设计应根据房屋的结构形式、地下室设置情况和基础埋置深度等工程实际情况，合理确定隔震层的位置，并应根据预期的竖向承载力、水平向减震系数和位移控制要求，选择合适的隔震支座、阻尼装置和抗风装置组成隔震层。

6.4.5 隔震层设置应符合下列要求：

1 隔震层的设置应考虑施工的可操作性和难易程度。隔震层宜置于地下室或底层架空层；无地下室和底层架空层时，隔震层可置于室内地面与基础之间。

2 隔震层应隔断穿过其标高范围的所有竖向受力构件，并应能可靠地传递上部结构荷载。

3 隔震支座的平面布置宜与隔震层处竖向构件相对应。

4 隔震支座应与上部结构及下部结构可靠连接。

6.4.6 利用既有房屋中位于隔震层上方的首层楼盖作为隔震层顶部楼盖时，如原结构首层楼盖不满足要求，应对首层楼盖的梁、板进行加强加固。

6.4.7 隔震加固房屋地基基础的抗震验算和处理应按本地区抗震设防烈度进行，并应充分考虑隔震加固后上部荷载传力路径的改变；不满足抗震要求时，可根据现行行业标准《既有建筑地基基础加固技术规范》JGJ 123 选用适当的方法进行加固。

6.4.8 设有结构缝的房屋不宜采用隔震方案加固，采用隔震方案加固时，结构缝两侧结构应分别设计为独立的隔震结构，且两隔震结构之间的缝宽应符合本标准 6.1.7 条的有关规定。

6.4.9 砌体结构隔震加固采用框式托换技术进行墙体托换时，托换框架的设计应符合下列要求：

1　托换框架宜由托换夹梁和连系梁构成，并应具备承担上部墙体重量及荷载的承载能力。

2　托换框架的连系梁宜等间距布置，且间距不宜过大。

3　托换夹梁和连系梁的内力计算和截面设计应符合现行国家标准《砌体结构设计规范》GB 50003 对墙梁的相关要求，且构造措施不应低于现行国家标准《建筑抗震设计规范》GB 50011 对底部框架砖房钢筋混凝土托墙梁的构造要求。

4　托换框架的混凝土强度等级不应低于 C30。

7 施工与质量验收

7.1 一般规定

7.1.1 承担建筑隔震工程的施工单位应具备相应的技术能力，并建立相应的质量管理体系、施工质量控制和检验制度。

7.1.2 隔震建筑施工前，应由建设单位组织设计、施工、监理等单位对设计文件进行技术交底和图纸会审。

7.1.3 隔震建筑施工前，施工单位应根据设计文件和施工组织设计的要求，编制专项施工方案，施工方案应经监理、建设单位审核。

7.1.4 隔震加固施工前应制订详细可靠的顶升、卸载及托换施工组织方案，并应对施工组织方案进行专项论证。

7.1.5 施工单位应保证施工资料真实、有效、完整。施工项目技术负责人应组织施工全过程的资料编制、收集、整理和审核，并应及时存档、备案。建筑隔震工程的施工管理应包括材料管理、设计文件管理、安全文明施工管理、生产管理、技术管理、质量管理和机械设备管理等。

7.1.6 隔震支座产品及连接件在安装前应进行进场验收，验收合格后方可使用，材料进场检验可按附录 B 记录。

7.1.7 隔震建筑工程施工过程中，宜对隔震支座的变形进行监测并做好记录。

7.1.8 隔震工程施工过程中，应进行自检、互检和交接检，前一工序经检验合格后方可进行下一工序的施工；施工单位各专业间应协调配合，并配合相关单位进行阶段性检查和隐蔽工程验收。

7.1.9 隔震工程施工过程中，对隐蔽工程应进行验收，对重要工序和关键部位应加强质量检查或进行测试，并应做出详细记录，同时应留存图像资料。

7.1.10 隔震工程施工过程中，可设置必要的临时支撑或连接，避免隔震层发生水平位移。

7.1.11 隔震工程施工中的安全措施、劳动保护、防火要求等，应符合国家现行有关规范的规定。

7.1.12 卸载支撑应采用刚性支撑，不宜采用油压千斤顶卸载。

7.1.13 隔震支座安装、混凝土浇筑、原承重墙拆除应对称施工。

7.1.14 卸载支撑本体、着力点相关构件、支撑点相关构件应专门验算受力及变形，应有充足的安全储备。

7.1.15 隔震工程施工过程中，对各种设备管线应有防堵塞、防断裂措施。

7.1.16 既有建筑隔震工程施工过程中，应对原结构进行检查和监测，由专人负责记录原结构的位移、变形、裂缝、主要受力构件及地基基础的变化情况，并满足相关规范规程要求。

7.2 隔震支座安装

7.2.1 隔震支座下支墩的中心位置和标高，应引自基准控制点。

7.2.2 隔震支座及连接件安装前应进行报验，并经监理、建设单位核准。

7.2.3 隔震支座应在下支墩混凝土强度达到设计强度的 75%后进行安装。

7.2.4 下支墩混凝土浇筑应符合下列要求：

1 下支墩混凝土浇筑前，应进行隐蔽工程验收，并应复核预埋件标高、平整度、垂直度和平面中心位置。

2 下支墩混凝土浇筑过程中，应加强施工管理，避免扰动预埋件，确保预埋件位置准确。

3 下支墩混凝土浇筑时，应采取必要措施保证预埋板下混凝土密实。

7.2.5 下预埋件定位与固定应符合下列规定：

1 隔震支座下预埋件定位前，宜将下支墩所有预埋件的位置标记到下支墩上。预埋钢板上宜画出中心线。

2 隔震支座下预埋件固定前，应调整好标高，预埋连接螺栓处的顶面标高与设计标高偏差不大于 5 mm，预埋板顶面水平度误差不应大于 8‰。预埋钢筋应垂直，且固定牢固；对于既有建筑隔震加固改造施工，应有更严格的要求。

7.2.6 隔震支座安装前应将下支墩顶面清理干净并对下支墩顶面水平度、中心标高、平面中心位置及平整度进行测量和记录，隔震支座安装完成后应检查支座平面中心位置、顶面中心标高、顶面水平度。偏差应符合表 7.2.6 的要求。

表 7.2.6 支座安装位置的允许误差和检验方法

检查项目		与设计偏差
支座中心标高		不应大于 ± 5 mm
支座中心平面位置		不应大于 ± 5 mm
水平度	支墩顶面	不宜大于 5‰
	支座顶面	不宜大于 8‰

7.2.7 隔震支座安装过程中，宜采用机械设备吊装，并应保持隔震支座水平。

7.2.8 安装前应对隔震支座进行检查，确保连接板漆面完整。隔震支座就位后，应对称拧紧连接螺栓。

7.2.9 隔震支座吊装过程中，应注意保护隔震支座。

7.2.10 隔震支座安装完毕后，进行上部结构施工应符合下列要求：

1 上部结构施工应在上预埋件与隔震支座连接固定后进行。

2 上部结构施工过程中，应采取有效措施保护隔震支座。模板拆除后，应对连接板破损漆面进行修补。

7.2.11 上支墩混凝土施工时，应一次性浇筑完成。

7.3 既有建筑托换与隔震支座安装

7.3.1 既有建筑隔震工程施工过程应按下列步骤进行。

1 既有砖混建筑隔震工程施工应按图 7.3.1-1 流程进行。

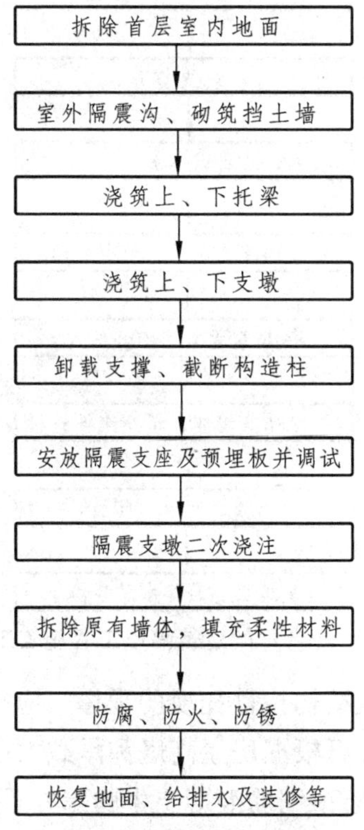

图 7.3.1–1　既有砖混建筑隔震工程施工工艺流程图

2　既有框架建筑隔震工程施工应按图 7.3.1-2 的流程进行。

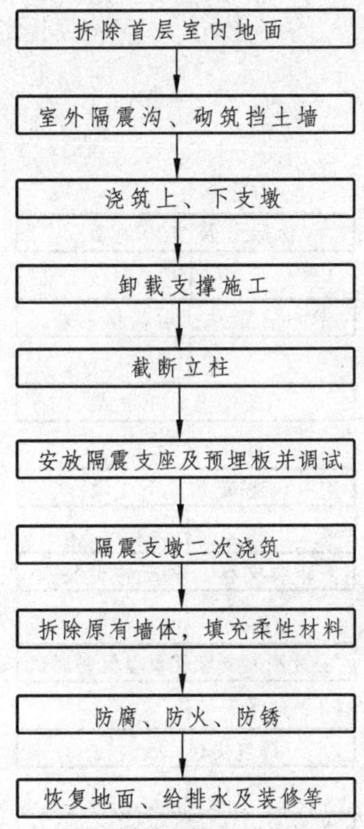

图 7.3.1–2　既有框架建筑隔震工程施工工艺流程图

7.3.2　钢筋混凝土结构构件托换的顶撑，应符合下列规定：

1　顶撑的方式可根据房屋高度和承载大小，选用钢管顶梁、钢架顶钢牛腿、钢架顶钢筋混凝土牛腿等方式。

2　顶撑应具有可靠的稳定性。

3　顶撑的承载力不应低于预期工程荷载量的 2 倍。

4　施工期间应保证房屋的防震稳定。

7.3.3　既有建筑隔震工程施工过程中应采取下列措施：

1　应对隔震支座采取临时覆盖保护措施。

2　应对支墩顶面、隔震支座顶面的水平度、隔震支座中心的平面位置和标高进行精确测量校正。

3　应保证上部结构、隔震层构配件与周围固定物的最小允许间距。

7.3.4　在隔震层周边应布置沉降观测点，各沉降观测点之间的距离不宜过大。伸缩缝两侧应各布置 1 个观测点，施工全过程及竣工后均应进行沉降观测，直至竖向变形量稳定，并进行裂缝观测。

7.3.5　托换梁钢筋和支墩钢筋应同时进行绑扎，且托换梁钢筋应深入支墩内并贯通。

7.4　隔震层构件及隔震沟施工

7.4.1　穿过隔震层的竖向通道，包括楼梯、电梯、管井等在隔震沟处的构造应符合设计要求，水平缝隙应采用柔性材料填充。

7.4.2　当门厅入口、室外踏步、室内楼梯节点、地下室坡道、车道入口、楼梯扶手等与隔震沟相邻时，其构造应符合设计要求。

7.4.3　配管、配线在穿越隔震沟处的构造应符合设计要求。设计无要求时，应采用扰曲或柔性接头等构造措施，使其在隔震沟处的自由错动量不小于竖向隔震沟缝宽。

7.4.4　有毒、有害、易燃、易爆等介质管道穿越隔震沟处的构造，应严格按设计要求进行施工。

7.4.5　施工完成后应对隔震层及其周边环境进行清理，以保证上部结构在地震作用下的运动空间。

7.4.6　隔震沟的土方开挖施工应符合下列要求：

1　基础剥落及隔震沟挖土深度和宽度应满足设计要求。

2　室内土方的开挖宜根据土质不同进行适当的放坡或支护。

3　室外隔震沟的开挖深度应能确保现场具有正常的施工条件，室内、外土方宜同时开挖。

4　隔震沟开挖在雨季施工时，应采取临时覆盖或排水措施，冬季应严格按照冬季施工标准进行。

5　隔震沟挖至设计标高后，应及时进行挡土墙的砌筑，并按设计要求做好防潮、防水、防风化处理。

7.5　建筑隔震工程质量验收

7.5.1　建筑隔震子分部工程质量的验收应划分为隔震支座安装、隔震层构（配）件及隔震沟分项工程，质量验收可按本标准附录C记录。

7.5.2　检验批的质量验收应按主控项目和一般项目进行，并有完整的质量控制资料，检验批质量验收应符合下列规定：

1　主控项目和一般项目的质量经抽样检验合格；

2　一般项目检验结果应有 80%及以上检查值符合本规范质量标准规定，且最大值不应超过其允许偏差值的1.2倍；

3　具有完整的施工操作依据、质量检查记录。

7.5.3　分项工程质量验收应符合下列规定：

1　分项工程所含检验批施工质量符合验收规范的规定；

2　分项工程所含检验批的质量验收记录完整。

7.5.4　子分部工程质量验收应符合下列规定：

1　子分部工程所含分项工程施工质量验收合格；

2　子分部工程所含分项工程的质量验收记录完整；

3　性能质量检验和抽样检测结果应符合相关规定；

4 观感质量验收应符合规定。

7.5.5 隐蔽工程在隐蔽前应由施工单位通知相关单位进行验收，并应形成隐蔽工程验收记录。

7.5.6 隔震支座的主控项目；隔震支座的种类、规格、数量和性能应符合设计要求及下列规定。

抽检数量：全数检查。

检验方法：检查隔震支座制造厂合法性证明文件、隔震支座型式检验报告、出厂检验报告、出厂合格证、第三方检验报告及进场验收记录。

7.5.7 隔震支座的一般项目应符合下列规定：

1 隔震支座外观质量现场检查应按本标准 5.4.1 条的要求进行。

抽检数量：不少于支座总数的 20%。且不少于 5 个支座。

检验方法：观察检查。

2 隔震支座尺寸偏差现场检查应按本标准 5.7.2 条的要求进行。

抽检数量：不少于支座总数的 20%，且不少于 5 个支座。

检验方法：尺量检查。

7.5.8 隔震支座安装质量验收的主控项目；预埋板、下支墩、隔震支座顶面的水平度、预埋连接螺栓处、下支墩顶面中心、隔震支座顶面中心的标高均应符合设计规定。

抽检数量：全数检查。

检验方法：实测检查和隐蔽工程验收记录。

7.5.9 隔震支座安装质量验收的一般项目应符合下列规定：

1 预埋件、下支墩、隔震支座平面中心位置应符合设计规定。

抽检数量：全数检查。

检验方法：实测检查和隐蔽工程验收记录。

2 连接板漆面完整性和橡胶保护胶完整性应符合设计规定。

抽检数量：全数检查。

检验方法：实测检查、检查测量记录和隐蔽工程验收记录。

7.5.10 隔震层构件及隔震沟施工质量验收的主控项目应符合下列规定：

1 配管、配线在穿越隔震沟处的构造应符合设计要求。设计无要求时，隔震沟处可采用挠曲或柔性接头等构造措施，使管线、线槽在隔震沟处的自由错动量不应小于设计要求。

抽检数量：全数检查。

检验方法：实测检查、检查测量记录和隐蔽工程验收记录。

2 当利用构件钢筋作防雷接地引下线时，在隔震沟处应采用柔性导线连接，并应对该处的隔震支座进行专门的防火处理。

抽检数量：全数检查。

检验方法：实测检查、检查测量记录和隐蔽工程验收记录。

3 有毒、有害、易燃、易爆等介质管道穿越隔震沟的构造，应严格按设计要求进行施工。

抽检数量：全数检验。

检验方法：观察和实测检查。

4 穿过隔震层的竖向通道，包括楼梯、电梯、管井等在隔离缝处的构造应符合设计要求，水平缝隙宜采用柔性材料填充。

抽检数量：全数检验。

检验方法：观察和实测检查。

5 当门厅入口、室外踏步、室内楼梯节点、地下室坡道、车道入口、楼梯扶手等与隔震沟相邻时，其构造应符合设计要求。

检数：全数检验。

检验方法：观察和实测检查。

7.5.11 隔震层的观感质量应由验收人员通过现场检查，并应共同确认。观感质量宜根据下列内容评定：

1 隔震橡胶支座不应出现侧鼓、破损、锈蚀，且不应出现较大水平位移。

2 隔震橡胶支座表面，出现破损，在不影响使用性能时，应及时修复。当影响到使用性能时，应及时更换。

7.5.12 隔震建筑子分部验收应提交下列文件：

1 隔震支座及预埋件供货企业的合法性证明；

2 隔震支座及预埋件出厂合格证书；

3 隔震支座及预埋件出厂检验报告；

4 隔震支座第三方检验报告；

5 隔震层子分部工程施工验收记录；

6 隐蔽工程验收记录；

7 隔震支座及其连接件的施工安装记录；

8 隔震结构施工全过程中隔震支座竖向压缩变形、上下连接板水平位移差、隔震支座不均匀变形观测记录；

9 隔震建筑施工安装记录；

10 含上部结构与周围固定物脱开距离的检查记录。

7.5.13 建筑隔震工程质量验收不合格时，应按下列规定处理：

1 经返工重做或更换器具、设备的检验批，应重新进行验收；

2 经有资质的检测机构检测鉴定能够达到设计规定的检验批，应予以验收；

3 经有资质的检测机构检测鉴定达不到设计规定，但经原设计单位复核认可，能够满足结构安全和使用功能的检验批，可予以验收；

4 经返修或加固处理的分项、子分部工程，虽然改变外形尺寸但仍能满足安全和使用要求，可按审定的技术处理方案和协商文件进行验收。

7.5.14 通过返修或加固处理仍不能满足安全使用规定的子分部工程，严禁验收。

8 维护与管理

8.1 一般规定

8.1.1 隔震建筑的使用维护与管理应满足原有的设计条件。

8.1.2 隔震建筑应以隔震层为重点进行定期的检查与维护。

8.1.3 在长期使用过程中，隔震建筑周边应始终保有足够的空间。

8.1.4 隔震建筑应设置标识，描述隔震建筑的功能以及其功能发挥的特殊性，保证其正常工作环境。

8.1.5 隔震建筑标识应醒目，内容应简单明了。标识设置应统一，并具有一定的警示作用。标识的设置范围和内容应符合下列规定：

1 门厅入口处应该在标识上注明此建筑物为隔震建筑并简单阐述隔震的基本原理，房屋使用者需注意的问题等，同时可以在标识上注明此建筑的平面结构图以及剖面图等，并在图上简要注明隔震沟与建筑物的大致关系。

2 楼梯断缝处应注明楼梯为断缝楼梯，当地震来临时在断缝处楼梯会发生滑动，请勿在滑动范围内堆放能阻止楼梯滑动的物体，且提醒行人在地震来临时注意。

3 建筑物周围隔震沟应在建筑物周围隔震沟范围内设置标线或警示线，提醒人们此处为隔震建筑的隔震沟，地震时建筑将在该范围内移动，禁止往隔震沟倾倒垃圾、堆放杂物等，并且周围停放物应该和建筑物保持一定的避让距离，避免地震时发生碰撞。

4 隔震层隔震缝应注明地震时隔震缝为建筑物的移动空间，禁止在此地堆放物体及杂物以及地震时不要在此处逗留。

5 隔震产品描述中应注明隔震产品的型号、规格以及功能、特性等，对其特殊的使用要求进行简要描述。

8.2 检查类别和实施日期

8.2.1 应根据不同的检查目的分为日常检查、定期检查和临时检查。

8.2.2 日常检查是日常对建筑物状况及隔震构件的巡视检查，出现异常能早期发现，防止危险，每年应有计划地实施1次，由责任单位实施。

8.2.3 建筑物竣工后依次按1年、3年、5年进行一次，此后每5年进行一次定期检查。

8.2.4 临时检查是在发生地震、火灾或浸水等灾害后马上进行的检查，应由责任单位实施，检查内容同定期检查。日常检查发现问题时也要进行临时检查。

8.2.5 隔震建筑的各种检查结果应由责任单位妥善保管，为日后该建筑物的隔震性能分析和评估提供依据。

8.3 检查部位和检查内容

8.3.1 隔震建筑应包括下列检查部位：

1 隔震构件：叠层橡胶隔震支座、阻尼装置。

2 隔震层：隔震沟、隔震沟盖板。

3 辅助设施：设备配管、配线的柔性连接部位。

8.3.2 日常检查的内容、方法、结果及改进措施应符合表 8.3.2 的要求，检查完成后应出具相应检查报告并存档备案。

表 8.3.2 日常检查的项目、方法、结果及改进措施

<table>
<tr><th colspan="2">位置</th><th colspan="2">项目</th><th>方法</th><th>部位</th><th>要求</th></tr>
<tr><td rowspan="8">隔震构件</td><td rowspan="5">叠层橡胶隔震支座</td><td rowspan="3">包覆橡胶外观</td><td>变色</td><td>目测</td><td rowspan="8">隔震层指定部位</td><td>无异常，无异物附着</td></tr>
<tr><td>损伤</td><td>目测</td><td>深度小于外包橡胶厚</td></tr>
<tr><td>有异物</td><td>目测</td><td>无异物附着</td></tr>
<tr><td rowspan="2">钢材部位情况</td><td>锈蚀</td><td>目测</td><td>无浮锈、铁锈</td></tr>
<tr><td>安装固定</td><td>目测</td><td>不偏离螺母标线</td></tr>
<tr><td rowspan="3">阻尼器</td><td rowspan="3">外观状况</td><td>外观</td><td>目测</td><td>未见异常或损伤</td></tr>
<tr><td>锈蚀</td><td>目测</td><td>无浮锈、铁锈</td></tr>
<tr><td>安装固定</td><td>目测</td><td>不偏离螺母标线</td></tr>
<tr><td rowspan="4">隔震层及外围</td><td>隔震层</td><td>周边环境</td><td>隔震沟间距</td><td>设备测量</td><td>隔震沟</td><td>满足设计要求</td></tr>
<tr><td rowspan="3">建筑外围</td><td rowspan="3">周边状况</td><td>障碍物</td><td>目测</td><td rowspan="3">隔震层及伸缩缝</td><td>移动范围内无障碍物</td></tr>
<tr><td>可燃物</td><td>目测</td><td>危险范围内无可燃物</td></tr>
<tr><td>排水情况</td><td>目测</td><td>排水情况良好</td></tr>
<tr><td rowspan="2">辅助设施</td><td>设备配管</td><td>连接部位</td><td>变更情况</td><td>目测</td><td>隔震层</td><td>有无变更及记录</td></tr>
<tr><td>电器配线</td><td>连接部位</td><td>变更情况</td><td>目测</td><td>隔震层</td><td>有无变更及记录</td></tr>
</table>

注：一般取各类构件总数的 10%且 3 套以上（不足 3 套应全检），其中一半为隔震层中有代表性的部位，优先选择结构转角，热源、水源、排水设备、振动源附近的构件。

8.3.3 定期检查及临时检查的项目、方法、结果及改进措施应符合表 8.3.3 的要求，检查完成后应出具相应检查报告并存档备案，并按所列措施进行处理。

表 8.3.3　定期检查及临时检查的项目、方法、结果及改进措施

位置		项目		方法	部位	要求	改进措施
隔震构件	叠层橡胶隔震支座	包覆橡胶外观	变色	目测	隔震层指定部位	无异常，无异物附着	检查后处理
			损伤	目测、设备测量		深度小于外包橡胶厚	一般损伤应修补；严重损伤应更换
		钢材部位情况	锈蚀	目测		无浮锈、铁锈	除锈后重新喷涂
			安装固定	目测		不偏离螺母标线	拧紧后再作标线
		叠层橡胶变形	垂直变形	设备测量		无异常变形	采取纠偏措施
			水平变形	设备测量		无异常变形	采取纠偏措施
	阻尼器	外观状况	外观	目测		未见异常或损伤	复原或更换
			锈蚀	目测		无浮锈、铁锈	除锈后重新喷涂
			安装固定	目测		不偏离螺母标线	拧紧后作标线
		变形	水平变形	设备测量		无异常变形	采取纠偏措施
隔震层及建筑外围	隔震层	周边环境	隔震沟间距	设备测量	隔震层及伸缩缝	满足设计要求	按设计要求进行处理
			建筑位置	标记	隔震层	—	—
	建筑外围	周边状况	障碍物	目测	隔震层	移动范围内无障碍物	移除
			可燃物	目测		危险范围内无可燃物	移除
			排水情况	目测		排水情况良好	检查后处理
辅助设施	设备配管	连接部位	液体泄漏	目测	隔震层	无异常	检查后处理
			损伤龟裂	目测		无异常	检查后处理
	电器配线	连接部位	损伤龟裂	目测		无异常	检查后处理

注：1　一般取各类构件总数的 10%且 3 套以上（不足 3 套应全检），其中一半为隔震层中有代表性的部位，优先选择结构转角，热源、水源、排水设备、振动源附近的构件；

2　以橡胶总厚度的 10%且不大于 10 mm 为目标值；

3　以初始值 ± 25 mm 以内为目标值。

8.4 检查方法

8.4.1 叠层橡胶损伤的测定包括长度和深度测定：

1 长度：用卷尺或游标卡尺沿叠层橡胶周边测定损伤的长度，将各条伤痕依次测定并相加求出总长度。

2 深度：将深度测量仪插入损伤部位，通过插入量测定损伤深度，取损伤部位的中央及两端共3处为测点，记录时取最大值。

8.4.2 螺栓、螺母偏斜的测定应进行下列各项检查：

1 螺栓与螺母、垫圈等之间没有缝隙。

2 没有偏离标记线。

3 螺帽滑移松动。

8.4.3 叠层橡胶支座垂直变形的测定通过测量叠层橡胶上下两法兰盘间的距离测定其高度。

8.4.4 叠层橡胶支座水平变形的测定可通过测量叠层橡胶上下法兰盘之间水平位置关系的偏差得到，测定方法先将两直角规的一边分别与上下法兰盘对齐，再用刻度尺或游标卡尺量出两直角规另一边之间的错缝，也可采用量角器等直接算出水平变形量。测定位置要选在垂直的两个方向上，每次都要重新标定方向或位置。

8.4.5 隔震沟宽度的测定可通过建筑物与外墙（墙角4处以上）以及伸缩连接（2 处以上）的间隙用钢尺等测定，每次检查后应在相应的测定位置进行标记。

8.4.6 建筑物位置的测定可通过测量建筑物 4 角及中央部位与竣工检查中标定的0点标记之间的偏差来判断。

附录 A　支座典型尺寸

表 A　支座典型尺寸

<table>
<tr><td rowspan="2">尺寸直径（mm）</td><td colspan="2">厚度（mm）</td><td rowspan="2">第二形状系数 S_2 最小值</td><td rowspan="2">开孔直径 d_i（mm）</td></tr>
<tr><td>单层内部橡胶厚度 t_r</td><td>单层内部钢板厚度 t_s</td></tr>
<tr><td>400</td><td>$2.0 \leqslant t_r \leqslant 5.0$</td><td rowspan="7">≥2.0</td><td rowspan="7">≥3.0</td><td rowspan="12">天然橡胶支座和高阻尼橡胶支座：$\leqslant \dfrac{d_0}{6}$ 或 $\leqslant \dfrac{a}{6}$
铅芯橡胶支座：$\leqslant \dfrac{d_0}{6}$ 或 $\leqslant \dfrac{a}{6}$</td></tr>
<tr><td>450</td><td>$2.0 \leqslant t_r \leqslant 5.5$</td></tr>
<tr><td>500</td><td>$2.5 \leqslant t_r \leqslant 6.0$</td></tr>
<tr><td>550</td><td>$2.5 \leqslant t_r \leqslant 7.0$</td></tr>
<tr><td>600</td><td>$3.0 \leqslant t_r \leqslant 7.5$</td></tr>
<tr><td>650</td><td>$3.0 \leqslant t_r \leqslant 8.0$</td></tr>
<tr><td>700</td><td>$3.5 \leqslant t_r \leqslant 9.0$</td></tr>
<tr><td>750</td><td>$3.5 \leqslant t_r \leqslant 9.5$</td><td rowspan="5">≥2.5</td><td>≥3.0</td></tr>
<tr><td>800</td><td>$4.0 \leqslant t_r \leqslant 10.0$</td><td>≥3.0</td></tr>
<tr><td>850</td><td>$4.0 \leqslant t_r \leqslant 10.5$</td><td>≥3.5</td></tr>
<tr><td>900</td><td>$4.5 \leqslant t_r \leqslant 11.0$</td><td>≥3.5</td></tr>
<tr><td>950</td><td>$4.5 \leqslant t_r \leqslant 11.0$</td><td>≥3.5</td></tr>
<tr><td>1 000</td><td>$4.5 \leqslant t_r \leqslant 11.0$</td><td rowspan="6">≥3.0</td><td>≥3.5</td><td rowspan="11">天然橡胶支座和高阻尼橡胶支座：$\leqslant \dfrac{d_0}{6}$ 或 $\leqslant \dfrac{a}{6}$
铅芯橡胶支座：$\leqslant \dfrac{d_0}{6}$ 或 $\leqslant \dfrac{a}{6}$</td></tr>
<tr><td>1 050</td><td>$5.0 \leqslant t_r \leqslant 11.0$</td><td>≥3.5</td></tr>
<tr><td>1 100</td><td>$5.5 \leqslant t_r \leqslant 11.0$</td><td>≥3.5</td></tr>
<tr><td>1 150</td><td>$5.5 \leqslant t_r \leqslant 12.0$</td><td>≥3.5</td></tr>
<tr><td>1 200</td><td>$6.0 \leqslant t_r \leqslant 12.0$</td><td>≥4.0</td></tr>
<tr><td>1 250</td><td>$6.0 \leqslant t_r \leqslant 13.0$</td><td>≥4.0</td></tr>
<tr><td>1 300</td><td>$6.5 \leqslant t_r \leqslant 13.0$</td><td rowspan="5">≥4.0</td><td rowspan="5">≥4.0</td></tr>
<tr><td>1 350</td><td>$6.5 \leqslant t_r \leqslant 14.0$</td></tr>
<tr><td>1 400</td><td>$7.0 \leqslant t_r \leqslant 14.0$</td></tr>
<tr><td>1 450</td><td>$7.0 \leqslant t_r \leqslant 15.0$</td></tr>
<tr><td>1 500</td><td>$7.0 \leqslant t_r \leqslant 15.0$</td></tr>
</table>

附录 B　材料进场检验记录

表 B　材料进场检验记录

<table>
<tr><td colspan="2">工程名称</td><td colspan="3"></td><td>检验日期</td><td colspan="2"></td></tr>
<tr><td rowspan="2">序号</td><td rowspan="2">名称</td><td rowspan="2">规格型号</td><td rowspan="2">进场数量</td><td>生产厂家</td><td rowspan="2">检验项目</td><td rowspan="2">检查结果</td><td rowspan="2">备注</td></tr>
<tr><td>合格证号</td></tr>
<tr><td>1</td><td rowspan="5">支座</td><td></td><td></td><td></td><td>外观</td><td></td><td></td></tr>
<tr><td>2</td><td></td><td></td><td></td><td>尺寸偏差</td><td></td><td></td></tr>
<tr><td>3</td><td></td><td></td><td></td><td>力学性能</td><td></td><td></td></tr>
<tr><td></td><td></td><td></td><td></td><td></td><td></td><td></td></tr>
<tr><td></td><td></td><td></td><td></td><td></td><td></td><td></td></tr>
<tr><td>1</td><td rowspan="7">连接板</td><td></td><td></td><td></td><td>平面尺寸偏差</td><td></td><td></td></tr>
<tr><td>2</td><td></td><td></td><td></td><td>厚度偏差</td><td></td><td></td></tr>
<tr><td>3</td><td></td><td></td><td></td><td>螺栓孔位置偏差</td><td></td><td></td></tr>
<tr><td></td><td></td><td></td><td></td><td>地脚螺栓长度尺寸偏差</td><td></td><td></td></tr>
<tr><td></td><td></td><td></td><td></td><td>平整度偏差</td><td></td><td></td></tr>
<tr><td></td><td></td><td></td><td></td><td></td><td></td><td></td></tr>
<tr><td></td><td></td><td></td><td></td><td></td><td></td><td></td></tr>
<tr><td>1</td><td rowspan="6">阻尼器</td><td></td><td></td><td></td><td>外观</td><td></td><td></td></tr>
<tr><td>2</td><td></td><td></td><td></td><td>尺寸偏差</td><td></td><td></td></tr>
<tr><td>3</td><td></td><td></td><td></td><td>高强螺栓</td><td></td><td></td></tr>
<tr><td></td><td></td><td></td><td></td><td>力学性能</td><td></td><td></td></tr>
<tr><td></td><td></td><td></td><td></td><td></td><td></td><td></td></tr>
<tr><td></td><td></td><td></td><td></td><td></td><td></td><td></td></tr>
<tr><td colspan="2">施工单位
检查结果</td><td colspan="6">项目专业技术负责人：
项目专业质量负责人：
年　月　日</td></tr>
<tr><td colspan="2">监理单位
验收结论</td><td colspan="6">专业监理工程师：
年　月　日</td></tr>
</table>

附录C　质量验收记录

C.0.1　检验批的质量验收可按表C.0.1记录。

表C.0.1　检验批质量验收记录

<table>
<tr><td colspan="3">单位（子单位）
工程名称</td><td></td><td>分部（子分部）
工程名称</td><td></td><td>分项工程
名称</td><td></td></tr>
<tr><td colspan="3">施工单位</td><td></td><td>项目负责人</td><td></td><td>检验批容量</td><td></td></tr>
<tr><td colspan="3">分包单位</td><td></td><td>分包单位项目负责人</td><td></td><td>检验批部位</td><td></td></tr>
<tr><td colspan="3">施工依据</td><td colspan="2"></td><td>验收依据</td><td colspan="2"></td></tr>
<tr><td rowspan="12">主控项目</td><td colspan="2">验收项目</td><td>设计要求及
规范规定</td><td>最小/实际抽样数量</td><td colspan="2">检查记录</td><td>检查结果</td></tr>
<tr><td>1</td><td></td><td></td><td></td><td colspan="2"></td><td></td></tr>
<tr><td>2</td><td></td><td></td><td></td><td colspan="2"></td><td></td></tr>
<tr><td>3</td><td></td><td></td><td></td><td colspan="2"></td><td></td></tr>
<tr><td>4</td><td></td><td></td><td></td><td colspan="2"></td><td></td></tr>
<tr><td>5</td><td></td><td></td><td></td><td colspan="2"></td><td></td></tr>
<tr><td>6</td><td></td><td></td><td></td><td colspan="2"></td><td></td></tr>
<tr><td>7</td><td></td><td></td><td></td><td colspan="2"></td><td></td></tr>
<tr><td>8</td><td></td><td></td><td></td><td colspan="2"></td><td></td></tr>
<tr><td>9</td><td></td><td></td><td></td><td colspan="2"></td><td></td></tr>
<tr><td>10</td><td></td><td></td><td></td><td colspan="2"></td><td></td></tr>
<tr><td>11</td><td></td><td></td><td></td><td colspan="2"></td><td></td></tr>
<tr><td rowspan="5">一般项目</td><td>1</td><td></td><td></td><td></td><td></td><td></td><td></td></tr>
<tr><td>2</td><td></td><td></td><td></td><td></td><td></td><td></td></tr>
<tr><td>3</td><td></td><td></td><td></td><td></td><td></td><td></td></tr>
<tr><td>4</td><td></td><td></td><td></td><td></td><td></td><td></td></tr>
<tr><td>5</td><td></td><td></td><td></td><td></td><td></td><td></td></tr>
<tr><td colspan="3">施工单位
检查结果</td><td colspan="5">项目专业技术负责人：
项目专业质量负责人：
年　月　日</td></tr>
<tr><td colspan="3">监理单位
验收结论</td><td colspan="5">专业监理工程师：
年　月　日</td></tr>
</table>

C. 0. 2 分项工程质量验收可按表 C.0.2 记录。

表 C.0.2 ________分项工程质量验收记录

<table>
<tr><td colspan="2">单位（子单位）
工程名称</td><td></td><td>分部(子分部)
工程名称</td><td colspan="3"></td></tr>
<tr><td colspan="2">分项工程数量</td><td></td><td>检验批数量</td><td colspan="3"></td></tr>
<tr><td colspan="2">施工单位</td><td></td><td>项目负责人</td><td></td><td>项目技术
负责人</td><td></td></tr>
<tr><td colspan="2">分包单位</td><td></td><td>分包单位
项目负责人</td><td></td><td>分包内容</td><td></td></tr>
<tr><td>序号</td><td>检验批
名称</td><td>检验批
容量</td><td>最小/实际
抽样数量</td><td colspan="2">检查记录</td><td>检查结果</td></tr>
<tr><td>1</td><td></td><td></td><td></td><td colspan="2"></td><td></td></tr>
<tr><td>2</td><td></td><td></td><td></td><td colspan="2"></td><td></td></tr>
<tr><td>3</td><td></td><td></td><td></td><td colspan="2"></td><td></td></tr>
<tr><td>4</td><td></td><td></td><td></td><td colspan="2"></td><td></td></tr>
<tr><td>5</td><td></td><td></td><td></td><td colspan="2"></td><td></td></tr>
<tr><td>6</td><td></td><td></td><td></td><td colspan="2"></td><td></td></tr>
<tr><td>7</td><td></td><td></td><td></td><td colspan="2"></td><td></td></tr>
<tr><td>8</td><td></td><td></td><td></td><td colspan="2"></td><td></td></tr>
<tr><td>9</td><td></td><td></td><td></td><td colspan="2"></td><td></td></tr>
<tr><td>10</td><td></td><td></td><td></td><td colspan="2"></td><td></td></tr>
<tr><td>11</td><td></td><td></td><td></td><td colspan="2"></td><td></td></tr>
<tr><td colspan="2">施工单位
检查结果</td><td colspan="5">项目专业技术负责人：
项目专业质量负责人：
年 月 日</td></tr>
<tr><td colspan="2">监理单位
验收结论</td><td colspan="5">专业监理工程师：
年 月 日</td></tr>
</table>

C. 0. 3 建筑隔震子分部工程质量验收可按表 C.0.3 记录。

表 C.0.3 建筑隔震子分部工程质量验收记录

<table>
<tr><td colspan="2">单位（子单位）
工程名称</td><td></td><td>分部（子分部）
工程名称</td><td></td><td>分项工程
数量</td><td></td></tr>
<tr><td colspan="2">施工单位</td><td></td><td>项目负责人</td><td></td><td>技术（质量）
负责人</td><td></td></tr>
<tr><td colspan="2">分包单位</td><td></td><td>分包单位
项目负责人</td><td></td><td>分包内容</td><td></td></tr>
<tr><td>序号</td><td>分项工程
名称</td><td>检验批
数量</td><td>施工单位
检查结果</td><td colspan="3">监理单位验收结论</td></tr>
<tr><td>1</td><td>支座安装</td><td></td><td></td><td colspan="3"></td></tr>
<tr><td>2</td><td>阻尼器安装</td><td></td><td></td><td colspan="3"></td></tr>
<tr><td>3</td><td>柔性连接</td><td></td><td></td><td colspan="3"></td></tr>
<tr><td>4</td><td>隔震缝</td><td></td><td></td><td colspan="3"></td></tr>
<tr><td>5</td><td></td><td></td><td></td><td colspan="3"></td></tr>
<tr><td>6</td><td></td><td></td><td></td><td colspan="3"></td></tr>
<tr><td>7</td><td></td><td></td><td></td><td colspan="3"></td></tr>
<tr><td>8</td><td></td><td></td><td></td><td colspan="3"></td></tr>
<tr><td>9</td><td></td><td></td><td></td><td colspan="3"></td></tr>
<tr><td>10</td><td></td><td></td><td></td><td colspan="3"></td></tr>
<tr><td>11</td><td></td><td></td><td></td><td colspan="3"></td></tr>
<tr><td colspan="3">质量控制资料</td><td></td><td colspan="3"></td></tr>
<tr><td colspan="3">安全和功能检验结果</td><td></td><td colspan="3"></td></tr>
<tr><td colspan="3">观感质量检验结果</td><td></td><td colspan="3"></td></tr>
<tr><td colspan="2">综合验收结论</td><td colspan="5"></td></tr>
<tr><td colspan="2">施工单位
项目负责人：
年 月 日</td><td colspan="2">分包单位
项目负责人：
年 月 日</td><td colspan="2">设计单位
项目负责人：
年 月 日</td><td>监理单位
项目负责人：
年 月 日</td></tr>
</table>

本标准用词用语说明

1 为便于在执行本标准条文时区别对待，对于要求严格程度不同的用词说明如下：

1）表示很严格，非这样做不可的：
正面词采用“必须”；反面词采用“严禁”。

2）表示严格，在正常情况下均应这样做的：
正面词采用“应”；反面词采用“不应”或“不得”。

3）表示允许稍有选择，在条件许可时，首先应这样做的：
正面词采用“宜”或“可”；反面词采用“不宜”。

4）表示有选择，在一定条件下可以这样做的，采用“可”。

2 标准中指定应按其他有关标准执行时，写法为：“应按……执行”或“应符合……的要求（或规定）”。

引用标准名录

1 《橡胶支座 第 3 部分：建筑隔震橡胶支座》GB 20688.3
2 《建筑抗震设计规范》GB 50011
3 《工程测量规范》GB 50026
4 《建筑工程施工质量验收规范统一标准》GB 50030
5 《砌体结构工程施工质量验收规范》GB 50203
6 《钢结构工程施工质量验收规范》GB 50205
7 《建筑工程监理规范》GB 50319
8 《混凝土结构工程施工规范》GB 50666
9 《橡胶支座 第 1 部分：隔震橡胶支座试验方法》GB/T 20688.1
10 《建筑隔震工程施工及验收规范》JGJ 360
11 《叠层橡胶支座隔震技术规程》CECS 126
12 《建筑结构隔震构造详图》03SG 610-1

四川省工程建设地方标准

四川省建筑叠层橡胶隔震支座应用技术标准

Technical specification for application of laminate rubber seismic isolation bearing of building in Sichuan Province

DBJ51/T 083 – 2017

条 文 说 明

目　次

1 总 则

1.0.1 为了贯彻四川省人民政府第 266 条政府令和四川省住房与城乡建设厅关于转发《住房城乡建设部关于房屋建筑工程推广应用减隔震技术的若干意见（暂行）》的通知中的相关规定制定本标准。编制本标准的目的是细化我省当前建筑叠层橡胶隔震支座设计、制作和检验，规范我省叠层橡胶支座在建筑工程中的应用，提高我省隔震工程的施工、维护及管理水平，从而保证建筑隔震工程的质量。建筑隔震工程设计、施工，还应贯彻节材、节能、环保等技术经济政策。

1.0.2 目前隔震支座的种类繁多，主要包括橡胶支座、滑板支座、摩擦滑移支座、球型支座等。但目前在建筑工程中绝大多数采用叠层橡胶隔震支座，因此本标准仅对新建及加固改造的建筑工程中应用叠层橡胶隔震支座的工程进行规定。

1.0.3 合理设计的隔震结构相比于非隔震结构能有效减小隔震上部结构的地震反应 40%～60%，可有效提高结构安全性、增加结构安全储备。

采用隔震设计的房屋，应根据房屋的特点制定相应的性能目标。上部结构性能目标设定可参考现行国家标准《建筑抗震设计规范》GB 50011 执行。

1.0.4 建筑隔震工程作为建筑结构总体的一部分，在设计、施工、维护及管理中应与其他相关标准配合使用。

2　术语与符号

明确了本标准所涉及的各类隔震支座的定义，对隔震设计、产品生产、产品检验中所涉及的主要术语进行了说明，解释了本标准所采用的主要符号的意义。

3 基本规定

3.0.1 参考现行标准《铁路桥梁盆式支座》TB/T 2331 的相关要求，并结合四川省气候特征设定本条标准。

3.0.2 考虑到隔震支座的重要性和工程实践的可实践性，明确了型式检验、出厂检验、第三方检验和进场验收的内容、要求和范围。型式检验是制造厂家获得特定规格的隔震支座生产资格所应进行的检验；出厂检验是制造厂家提供产品出厂合格证明文件的依据；第三方检验由具有专门资质的检验机构进行；进场验收则采取文件查验和外观检查的方式。

3.0.4 高层建筑是指建筑高度大于 28 m 的住宅和建筑高度大于 24 m 的非单层厂房、仓库和其他民用建筑。重要的隔震建筑是指地震时使用功能不能中断或需尽快恢复的生命线相关建筑，以及地震时可能导致大量人员伤亡等重大灾害后果的建筑。

4　叠层橡胶隔震支座的设计规定

4. 2. 2　参考现行国家标准《建筑隔震橡胶支座》GB 20688.3—2006 第 5.2 的要求。

4. 2. 3　各类支座解释见本规范 2.1.2 至 2.1.4 条。

4.3　材料性能要求

4. 3. 1　表 4.3.1-1 参考现行国家标准《橡胶支座　第 3 部分：建筑隔震橡胶支座》GB 20688.3—2006 表 B.1 的要求。表 4.3.1-2 参考现行国家标准《橡胶支座　第 3 部分：建筑隔震橡胶支座》GB 20688.3—2006 表 B.2 的要求。

4. 3. 2　参考现行国家标准《橡胶支座　第 3 部分：建筑隔震橡胶支座》GB 20688.3—2006 第 6.6 条的要求。

5 叠层橡胶隔震支座的性能要求与检验规则

5.1 一般规定

5.1.1 参考现行国家标准《橡胶支座 第3部分：建筑隔震橡胶支座》GB20688.3—2006第6.1条的要求。

5.1.2 **1** 型式检验包括支座外观质量和尺寸偏差检查、橡胶材料物理性能检测和支座力学性能试验。当设计有其他要求时，尚应进行相应的检验。

2 满足下列全部条件的，可采用以前相应的型式检验结果。

（1）支座用相同的材料配方和工艺方法制作。

（2）相应的外部和内部尺寸相差10%以内。

（3）第二形状系数相差±0.4以内。

（4）第二形状系数*S*2小于5，以前的极限性能和压应力相关性试验试件的*S*2不大于本次试验试件的*S*2。

（5）以前的试验条件更为严格。

5.1.3 **1** 出厂检验包括支座外观质量和尺寸偏差检查、橡胶材料物理性能检测和支座力学性能试验。当设计有其他要求时，尚应进行相应的检验。

2 每一批叠层橡胶隔震支座出厂合格证明文件应包括：外观质量和尺寸偏差检查记录、橡胶材料物理性能报告、支座力学性能试验报告、出厂合格证。

5.1.4 **1** 第三方检验包括出厂合格说明文件检查、支座外观质量和尺寸偏差检查和支座力学性能试验。当设计有其他要求时，尚应进行相应的检验。

2 对一般建筑（对应丙类设防），产品抽样总数量不应小于总数的 20%；若有不合格试件，应重新抽取总数的 30%，若仍有不合格试件，应 100%检测。对于重要建筑（对应乙类设防），产品抽样数量不应小于总数的 50%；若有不合格试件，应 100%检测。对特别重要的建筑（对应甲类设防），产品应 100%检测。一般情况下，每项工程抽样总数不小于 20 件，每种规格的产品抽样数量不应小于 4 件。

5.2 力学性能试验项目和要求

5.2.1 当结构设计对支座有抗拉要求时，应进行拉伸性能的型式检验、出厂检验及第三方检验。

5.2.2 隔震支座的力学性能试验是检验产品性能、质量的方法。本标准在现行国家标准《橡胶支座 第 1 部分：隔震橡胶支座试验方法》GB 20688.1—2007 和《橡胶支座 第 3 部分：建筑隔震橡胶支座》GB 20688.3—2006 的基础上，对隔震支座力学性能指标的检验进行了补充和改进。

1 关于竖向压缩变形：本标准所称的“竖向压缩变形”对应于现行国家标准《橡胶支座 第 3 部分：建筑隔震橡胶支座》GB 20688.3—2006 中的“压缩位移”。本标准提出了该指标不大于 5 mm 的要求，是为了使支座在建筑物的重量作用下竖向变形不致过大，避免因此而引起的附加内力。

2 关于侧向不均匀变形：以往的实践中发现，一些支座在正常使用竖向荷载作用下即产生了侧向不均匀的变形。研究表明这可能是支座的内部缺陷所致，主要是内部橡胶层厚度不均匀，而严重的不均匀变形也可能是由于橡胶硫化不足或橡胶与钢板粘接不良所致。增加这项检测内容有助于解释支座可能存在的内在缺陷，促进产品质量的提高。另外，也可以进一步明确原有“支座产品的水平偏移”的规定，且更为严格。此项指标的具体数值是根据工程经验得出的，其原则是观感不明显。对于支座侧面均匀对称向外鼓出的侧向均匀变形，则可不予控制。

3 关于破坏拉应力：现行国家标准《建筑抗震设计规范》GB 50011—2010 允许支座受拉，但限值其拉应力不超过 1 MPa。综合其他标准的规定和资料，本标准要求支座的破坏拉应力为不小于 1.2 MPa。

5.3 橡胶材料物理试验性能要求

5.3.1 表 5.3.1 参考现行国家标准《橡胶支座 第 3 部分：建筑隔震橡胶支座》GB/T 20688.3—2006 第 6.4.3 条的要求。试验方法参考现行国家标准《橡胶支座 第 1 部分：隔震橡胶支座试验方法》GB 20688.1—2007 附录 C、《硫化橡胶或热塑性橡胶 热空气加速老化和耐热试验》GB/T 3512—2001 和《硫化橡胶或热塑性橡胶拉伸应力应变性能的测定》GB/T 528—2009 的要求。

5.5 产品标识

5.5.1 标注方法为：圆形支座可标注为“*D*—直径尺寸”；矩形

支座可标注为“长边×短边尺寸”。尺寸单位为 mm。

1 直径为 800 mm 的圆形支座可表示为 D—800；

2 边长为 800 mm×600 mm 的矩形支座可表示为 800×600；边长为 800 mm×800 mm 的矩形支座可表示为 800×800。

6　结构隔震设计

6.1　一般规定

6.1.2　本条文高宽比计算时结构高度应从隔震支座的嵌固端算起。

6.1.3　隔震结构所处的建筑场地，在任何水平方向的设计反应谱特征周期值通常是相同的。隔震结构在两个方向的基本周期如果差别过大，将导致两个方向的隔震效果也差别较大，所以限定两者相差不应超过较小值的 20%。

6.1.4　重力荷载代表值下计算平均压应力设计值限值按本标准表 6.2.5 取值，一般可仅按重力荷载代表值计算，对需进行竖向地震作用计算的结构（满足本标准 6.2.4 条中第 4 条中的结构），上述重力荷载代表值下压应力尚应包括竖向地震作用效应组合，压应力设计值按照以下公式计算：

压应力设计值=1.0×恒载+0.5×活载+竖向地震作用下产生的竖向压力（竖向地震作用取标准值并按 6.2.3 条取值，不需考虑竖向地震作用时此项为零）。

隔震支座在罕遇地震作用下最大拉应力可按以下两个公式计算：

最大拉应力=1.0×恒载+0.5×活载+罕遇水平地震作用产生的最大轴拉力+0.5×罕遇竖向地震作用产生的轴拉应力（竖向地震作用取标准值并满足 6.2.3 条的要求）≤1 MPa;

最大拉应力=1.0×恒载+0.5×活载+0.5×罕遇水平地震作用

产生的最大轴拉力+罕遇竖向地震作用产生的轴拉应力（竖向地震作用取标准值并满足 6.2.3 条的要求）≤1 MPa。

隔震支座在罕遇地震作用下最大压应力可按以下两个公式计算：

最大压应力=1.0×恒载+0.5×活载+罕遇水平地震作用产生的最大轴压力+0.5×罕遇竖向地震作用产生的轴向压力（竖向地震作用取标准值并满足 6.2.3 条的要求）≤30 MPa；

最大压应力=1.0×恒载+0.5×活载+0.5×罕遇地震水平作用产生的最大轴压力+罕遇竖向地震作用产生的轴向压力（竖向地震作用取标准值并满足 6.2.3 条的要求）≤30 MPa。

6.1.5 本条文中的支墩设计包括连接叠层橡胶支座的短柱和预埋板、连接板等。

6.1.6 温度作用下整个结构会产生变形，但由于隔震层刚度较小，对上部结构的约束较小，从而使上部结构的大部分温度应力得以释放，故隔震房屋的伸缩缝最大间距可比非隔震房屋大。隔震房屋最大间距取值举例如下：现浇钢筋混凝土框架结构，不隔震时伸缩缝最大间距为 55 m，则隔震时伸缩缝最大间距可取 55 m×2=110 m。通过设置后浇带、改变隔震支座的安装方式或者在施工时采用其他有效减小混凝土收缩量的方式，可减小隔震支座的变形。

6.1.7 对于两侧均为隔震结构时，防震缝的宽度参照现行国家标准《建筑抗震设计规范》GB 50011—2010 第 12.2.7 条设置。

当一侧为隔震结构，一侧为非隔震结构时，现行国家标准《建筑抗震设计规范》GB 50011—2010 和现行标准《叠层橡胶支座隔震技术规程》CECS 126—2001 规定比较模糊，甚至存在不合理之处。对于这种情况，考虑到隔震结构的变形基本为平动，所以取隔震支座位移值；对于相邻的非隔震结构，在地震作用下的变形呈现明显的上大下小特征，所以取两侧房屋较低处屋面标高的位移值。

6.2 设计计算方法及要点

6. 2. 1 隔震结构计算时，多组时程曲线的平均地震影响系数曲线应与振型分解反应谱法所采用的地震影响系数曲线，宜在隔震前与隔震后的主要周期点上均满足统计意义上相符要求，确有困难时可适当放宽非隔震结构主要周期点上要求，但此时非隔震结构时程分析所得各层剪力不应与振型分解反应谱法计算的各层剪力相差太大，避免出现水平向减震系数偏小的情况，导致结构不安全。

本条文中防震缝不包含隔震沟。

6. 2. 2 阻尼装置指通过内部材料或构件的摩擦，弹塑性滞回变形或黏（弹）性滞回变形来耗散或吸收能量的装置。

隔震层刚度中心与上部结构的质量中心偏差较大时，结构的扭转效应比较明显，使得隔震支座受力不均匀，因此隔震层刚度中心与上部结构质量中心的偏心率不宜大于 3%，偏心率按照以下公式计算：

$$E_x = e_x / r_{ax} \tag{1}$$

$$E_y = e_y / r_{ay} \tag{2}$$

$$E=\sqrt{E_x^2+E_y^2} \tag{3}$$

式中 e_x、e_y 分别为 X、Y 方向隔震层刚度中心与上部结构质量中心的偏心距，r_{ax}、r_{ay} 分别为 X、Y 方向对应的弹性半径，E_x、E_y 分别为 X、Y 方向的偏心率，E 为隔震层的名义偏心率。

隔震支座放置在不同标高形成的较大错层区域宜采取局部加强措施，如采用加腋梁等。

同一结构选用多种规格的隔震支座时，应注意防止出现极限变位较小的支座限制极限变位较大支座充分发挥其水平变形能力的情况。

6.2.3 隔震结构罕遇地震计算时，竖向地震作用宜取时程分析法和简化计算方法的包络值。

6.2.4 考虑到隔震支座不能隔离结构的竖向地震作用，地震烈度较高或水平地震作用过小时，以竖向地震作用为主的组合工况可能处于控制工况组合，应做相应验算，并采取适当措施。

长悬臂构件指 2 m 以上的悬挑梁，大跨度屋盖和屋架指跨度大于 24 m 的屋架。

6.2.7 罕遇地震验算时，采用隔震支座剪切变形 250%时的等效刚度和等效黏滞阻尼比是与实际情况相符的，直径较大一般指支座直径大于 700 mm，随着目前隔震支座检测水平的不断提高，700 mm 直径支座已广泛使用，1 000 mm 以上直径的支座已较为常见，因此设置 700 mm 为界限。

6.2.11 依据现行国家标准《建筑抗震设计规范》GB 50011 及现行行业标准《高层建筑混凝土结构技术规程》JGJ 3 相应要求对采用隔震设计的高层建筑结构进行水平位移及变形形态考察。

6.2.12 对隔震层以下的结构部分，主要设计要求是：保证隔震设计能在罕遇地震下发挥隔震作用。因此，需进行与设防地震、罕遇地震有关的验算，并适当提高抗液化措施。

本条款中“满足嵌固的刚度比”指隔震层下一层结构（仅考虑上部结构投影范围）与隔震层上一层结构的刚度比满足现行国家标准《建筑抗震设计规范》GB 50011—2010 第 6.1.14 条第 2 款规定的嵌固部位刚度比的要求，并且采用地下室顶板隔震时，地下室顶板应避免开设大洞口。当水平向减震系数不大于 0.4 时，隔震层以下结构（仅考虑上部结构投影范围）与隔震层以上结构的刚度比可适当放宽。

隔震建筑地基基础的抗震验算和地基处理仍按本地区抗震设防烈度（小震）进行。

6.3 构造措施

6.3.1 与抵抗竖向地震作用有关的抗震构造措施，对钢筋混凝土结构，指墙、柱的轴压比规定；对砌体结构，指外墙尽端墙体的最小尺寸和圈梁的有关规定。

6.3.4 隔震支座附近的梁、柱构件应具有足够的抗冲切和局部承压能力，必要时可采用型钢。

6.3.6 当采用装配整体式钢筋混凝土楼盖时，为使纵横梁体系能传递竖向荷载并协调横向剪力在每个隔震支座的分配，隔震支座上部的纵横梁体系应为现浇。为增大隔震层顶部梁板的平面刚度，需加大梁的截面尺寸和配筋。同时，现浇面层厚度不应小于 50 mm，且应双向配筋，钢筋直径不应小于 6 mm ~ 8 mm，间距不应大于 150 mm ~ 200 mm。

6.4　既有建筑隔震加固设计

6.4.5　与新建隔震建筑不同，既有建筑隔震加固不能待隔震层完毕后再施工上部结构，而需通过托换在已有结构中植入隔震部件形成隔震层，因此，采用隔震方案对既有房屋进行加固时，隔震层的设置应当综合考虑施工的可行性和难易程度。当房屋设有地下室或首层架空层时，宜将隔震层置于地下室或首层架空层，这样布置符合现行相关标准的布置原则，而且隔震层施工也相对较为简便。无地下室或房屋首层不能作为架空层时，可考虑将隔震层置于室内地面与基础台阶面之间的适当位置，此时需充分考虑施工空间及隔震层开挖对基础埋深和稳定性的影响。当隔震层布置于第一层以上时，隔震体系的特点将与普通隔震结构有较大差别，需作专门研究。

隔震层处的所有竖向受力构件均应切断，并在其相应位置设置隔震支座，以形成贯通的隔震层，并应保证隔震层能够可靠地将上部结构荷载向下传递。

由于隔震加固施工时既有上部结构已经存在的特点，安装大直径隔震支座并保证其与上方构件对中，施工难度较大，较难保证施工质量，此时可根据实际情况，采用两个或四个直径较小的隔震支座并联（隔震支座宜对称布置，其几何中心线与上方构件中心线应重合）代替单个大直径支座以降低施工难度。

隔震支座与上部结构、下部结构的连接是隔震加固的关键节点之一，直接影响隔震效果甚至结构的安全性，需特别注意。

6.4.6 为保证隔震层能够整体协调工作，隔震层顶部应设有整体性好、刚度足够大的梁板体系。当利用既有房屋中位于隔震层上方的首层楼盖作为隔震层顶部楼盖时，应对隔震层上方首层楼盖的梁、板加强加固，保证楼板的整体性和平面内刚度，确保纵横梁体系能有效传递竖向荷载并协调横向剪力在每个隔震支座的分配。

6.4.7 隔震加固后，结构上部荷载的传力途径将发生改变（即上部荷载需通过隔震支座再向下传至基础），需特别注意。尤其对于墙下条形基础，隔震加固后，基础所受荷载将由线荷载转变为集中荷载，此时一般需要进行加固处理。随着加固技术的发展和进步，新的地基基础加固方法不断出现。在选择地基基础的加固方法时，可根据工程实际情况从现行行业标准《既有建筑地基基础加固技术规范》JGJ 123 中选择适当的加固方法。

7 施工与质量验收

7.1 一般规定

7.1.4 专项论证的目的是确保加固施工安全。隔震建筑施工前，施工单位应对施工现场可能发生的突发性事件制订应急预案。

7.1.6 **1** 进场验收包括出厂合格说明文件检查、第三方检验报告检查、支座外观质量和尺寸偏差检查。当设计有其他要求时，尚应进行相应的检验。

2 支座在运输、储存过程中如遭遇可能影响支座性能的事件时，应再次进行第三方检验。检测项目和抽样数量可由相关各方协商确定。

7.1.7 上部结构施工过程中，可能会对隔震支座产生扰动，因此宜对隔震支座的变形进行监测并做好记录，以便及时发现问题，保证施工安全。

7.3 既有建筑托换与隔震支座安装

7.3.2 现有实践经验表明，采用框式托换技术对多层砌体结构墙体托换通常能够达到安全、可靠、方便、快捷的效果。托换框架必须具有足够的承载能力。顶撑托换是目前钢筋混凝土结构结构件托换最为常见的方法之一。顶撑的方式可根据房屋高度和承载大小确定。一般情况下，钢管顶梁的方式对于5层以下房屋是可以选择的，对于较高楼层或承载较大的构件，采用钢架顶钢牛腿、钢架顶钢筋混凝土牛腿的方式更为合理。

8 维护与管理

8.1 一般规定

8.1.1 目前隔震建筑多是重设计，轻施工，无管理。制定本章节的目的在于明确隔震建筑施工单位、隔震产品生产厂家、房屋使用安全责任人在隔震建筑全寿命周期过程中的责任义务，从而使得隔震建筑能够真正地发挥隔震功能。

8.1.2 隔震建筑上部结构的设计、施工与使用与传统结构无太大区别，隔震层的功能正常与否是保证隔震建筑在强震作用下是否安全的关键，因此应将隔震层及其下部结构作为使用维护与管理的关键部位来对待。

8.1.3 隔震建筑周边自由空间（俗称隔震沟）维护与管理的好坏直接影响强震作用下隔震建筑的安全。从现有调查情况中发现，我省一些已建建筑隔震沟处理存在以下问题:（1）隔震沟施工完成后未清理，残留建筑垃圾等杂物；（2）上部结构施工中散水仍采用传统做法，使得隔震建筑上部结构与外部地面连接在一起，影响隔震建筑的隔震效果；（3）楼梯、踏步等出入口连接处理不当，或使用中遭到破坏，影响隔震建筑的隔震效果；（4）不注意隔震沟及其周边环境的维护，隔震沟内堆砌异物，影响隔震建筑的隔震效果；（5）隔震建筑与周围建（构）筑物距离太近，强震中有发生碰撞的可能性。

8.1.4 从现有调查情况中发现，我省大量隔震建筑并未设置明显的隔震标识，不利于隔震建筑使用和公共安全保证。在隔震建筑相应部位设置标识，可以起到以下作用：（1）提醒隔震建筑房屋使用安全责任人定期维护隔震设施；（2）提醒外来者在大震作用下建筑发生较大水平位移是正常的，不要惊慌；（3）提醒地震等灾害救援人员、建筑安全性评估人员该建筑的特殊性。

8.1.5 隔震建筑不同位置的标识应根据其功能采用不同的内容。

8.2 检查类别和实施日期

8.2.1 针对不同的目的，将隔震建筑的维护分为日常检查、定期检查和临时检查，以此来明确不同时期检查工作的内容与重点。

8.4 检查方法

8.4.3 为减小施工时法兰盘变形的影响，测定位置应尽量靠近橡胶部位，在垂直方向选定 4 个部位，测定精度为 0.1 mm。橡胶支座的热膨胀可以通过以下公式换算成标准温度时的构件高度后判定。

$$H = h - (\sum t_{\mathrm{r}} \times \Delta T \times \rho)$$

式中 H——换算成标准温度时的构件高度；

h——测定值；

$\sum t_{\mathrm{r}}$——橡胶总厚度；

ΔT——标准温度与测定时的温度差；

ρ——叠层橡胶高度方向的热膨胀系数（一般可取 5.8×10^{-4}）。